Python 在大气海洋科学中的应用

Python基础

戴德君　黄洲升　康贤彪　李明悝　等/编著

```
>>> name = input('What is your name?\n')
>>> print('Hi, %s.' % name)
What is your name?
Python
Hi, Python.
```

科学出版社

北　京

内 容 简 介

本书是大气海洋学科方向学者的 Python 入门书。全书侧重于介绍大气海洋学科领域 Python 编程最常用的基础知识，包括 Python 的获取、安装、环境编辑器等内容，示例介绍了 Python 语言基础，流程控制，列表、元组、字典与集合，函数，类和对象，模块，存储等基础知识。结合 Python 基础知识，介绍了异常处理、计算生态、正则表达式、Python 脚本、日志等内容。文后结合习题帮助读者解决常见编程问题和困惑，从而帮助读者实现 Python 知识的灵活使用和综合编程，将 Python 用于大气海洋工程当中。

本书可作为大气海洋学科领域的本科生和研究生教材或教学参考书，也可供大气海洋学科领域对 Python 感兴趣的研究人员和工程技术人员阅读参考。

图书在版编目(CIP)数据

Python 基础/戴德君等编著. —北京：科学出版社，2021.5
（Python 在大气海洋科学中的应用）
ISBN 978-7-03-068447-9

Ⅰ. ①P… Ⅱ. ①戴… Ⅲ. ①海洋学-软件工具-程序设计 Ⅳ. ①P7-39

中国版本图书馆 CIP 数据核字(2021)第 049112 号

责任编辑：周 杰 王勤勤／责任校对：樊雅琼
责任印制：吴兆东／封面设计：无极书装 李明悝 黄洲升

科学出版社 出版
北京东黄城根北街 16 号
邮政编码：100717
http://www.sciencep.com

北京九州迅驰传媒文化有限公司印刷
科学出版社发行 各地新华书店经销
*
2021 年 5 月第 一 版 开本：787×1092 1/16
2025 年 1 月第三次印刷 印张：18 3/4
字数：450 000
定价：158.00 元
(如有印装质量问题，我社负责调换)

前　言

Python 以其开源、开发快、语言简洁、可读性强、广泛兼容性以及具备大数据处理能力等特点，近年来已经逐步开始取代大气海洋科学领域比较常用的 GRADS、Matlab、NCL、Fortran 等语言，在大气海洋科学领域得到迅猛发展和广泛应用，很多大气海洋科学领域的科技工作者也纷纷开始从其他语言转为从头开始学习 Python。同大气海洋科学领域常见的其他语言相比较，Python 语言从体系和语法结构上来看，具有明显的区别。一个显著的特点在于，Python 语言的基础语法虽然简单，但是可公开使用的各种库函数不尽其数。从其他语言转向 Python 的科研工作者常常发现，要完成同样一个功能，可选择的程序代码编写方式具有太多的可选择性，有的解决方式相对比较简单，有的解决方式特别复杂。这给大气海洋科学领域的科技工作者造成了很大的困扰，其常常困惑于如何利用 Python，以最简洁最有效率的编程代码解决相应问题。然而，目前已出版的 Python 类书籍虽然品类繁多，风格多样，侧重方向千差万别，但尚缺乏专门面向大气海洋科学领域的 Python 类参考书籍，这在客观上对大气海洋科学领域的 Python 初学者造成了一定的障碍。由此，针对这种现状，本书力求简洁、易学和适用，尽可能地将大气海洋科学领域最常用的基本语法、基础函数进行详细阐述，以期让大气海洋科学领域的科技工作者尽快掌握 Python 编程的基础知识，尽快适应 Python 式的逻辑思维方式和编码风格。

本书主要分为两个部分：第 1~10 章为基础知识部分，主要介绍了 Python 的运行环境搭建、运行、变量、函数、数据结构、流程控制、类、对象、模块、存储、异常处理等相关基础知识，旨在让读者尽快掌握 Python 的基本用法和基本程序设计思维方式；第 11~15 章为应用部分，侧重介绍 Python 计算生态、正则表达式、Python 脚本、日志、单元测试等内容，以帮助读者掌握使用 Python 实现大型程序设计需要考虑的相关知识。

本书由戴德君负责全书整体内容的设计规划和第 1 章、第 2 章的撰写，黄洲升负责第 3 章、第 4 章、第 5 章的撰写，康贤彪负责第 6 章、第 7 章的内容撰写，李明恒负责第 8 章的撰写，刘云丰负责第 9 章的撰写，赵彪负责第 10 章的撰写，冯琬负责第 11 章的撰写，林世伟负责第 12 章的撰写，王倩茹负责第 13 章的撰写，尹建平负责第 14 章的编写，杨斌负责第 15 章的编写，林世伟、王倩茹、杨斌共同完成了书中的文字校对和示例代码的校验工作。限于编者写作水平，书中难免有疏漏和不足此处，希冀大家不吝指教，以便我们进一步改进。

非常感谢国家重点研发计划"海洋环境安全保障"重点专项"'两洋一海'区域超高分辨率多圈层耦合短期数值预报系统研制"项目 (2017YFC1404000)、"中小尺度海气相互作用理论与方法研究"课题 (2017YFC1404001) 及"'两洋一海'区域超高分辨率多圈层耦合模式研制"课题 (2017YFC1404004) 和"地球系统模式耦合平台架构与支持技术研究"课题 (2016YFA0602204) 对本书的大力支持，感谢各位合作者在本书编写过程中的艰辛付出，包括提供参考材料、提出宝贵意见和对部分文字进行润色加工等，也感谢出版社在本书校稿和排版过程中的严谨态度及辛苦工作。

戴德君
2021 年 1 月于琴岛

本书重要代码可在相关网站查询，读者可扫描下方二维码获取详细信息。

目 录

绪论 ·· 1

第 1 章 初见 Python ·· 4
1.1 Python 是什么 ·· 4
1.2 纯净的 Python ·· 5
    1.2.1 获取 Python ·· 5
    1.2.2 从 IDLE 启动 Python ··· 6
    1.2.3 尝试简单的东西 ·· 7
    1.2.4 尝试高级编辑器 ·· 7
1.3 用 Anaconda 的 Python ·· 10
    1.3.1 什么是 Anaconda ··· 10
    1.3.2 为什么用 Anaconda ··· 10
    1.3.3 获取 Anaconda ··· 10
    1.3.4 Anaconda 的基本操作 ·· 13
    1.3.5 镜像的使用 ·· 14
    1.3.6 Anaconda 和 Python 的关系 ······································· 15
1.4 安装错误解决方案 ·· 15
1.5 运行 Python 脚本 ·· 15
    1.5.1 Windows 环境 ·· 15
    1.5.2 Linux 环境 ··· 17
1.6 小结 ·· 17
习题 ·· 17

第 2 章 尝试使用 Python ·· 19
2.1 尝试用 Python 写个小游戏 ·· 19
2.2 缩进 ·· 21
2.3 BIF ·· 22
    2.3.1 输入输出函数 ·· 23
    2.3.2 进制转换函数 ·· 24
    2.3.3 求数据类型函数 ·· 25
    2.3.4 del()：删除对象函数 ·· 26
    2.3.5 数字函数 ·· 26
2.4 PEP8 ·· 27
    2.4.1 缩进和对齐 ·· 27
    2.4.2 import 导入 ·· 27

2.4.3　空格 ··· 27
　　2.4.4　注释 ··· 28
　　2.4.5　命名 ··· 28
　　2.4.6　其他 ··· 28
2.5　小结 ·· 28
习题 ··· 28

第 3 章　Python 语言基础 ·· 30
3.1　变量 ·· 30
　　3.1.1　什么是变量 ··· 30
　　3.1.2　给变量赋值 ··· 30
3.2　字符串 ·· 34
　　3.2.1　普通字符串 ··· 34
　　3.2.2　多行字符串 ··· 42
　　3.2.3　格式化字符串 ··· 43
　　3.2.4　转义字符串 ··· 52
　　3.2.5　内建方法 ··· 53
3.3　简单数据结构 ·· 56
　　3.3.1　整型 ··· 56
　　3.3.2　浮点型 ··· 57
　　3.3.3　布尔型 ··· 57
　　3.3.4　类型转换 ··· 58
　　3.3.5　获得关于类型的信息 ··· 59
3.4　常用操作符 ·· 60
　　3.4.1　算术操作符 ··· 60
　　3.4.2　优先级问题 ··· 64
　　3.4.3　比较操作符 ··· 65
　　3.4.4　逻辑操作符 ··· 66
　　3.4.5　None ··· 66
3.5　小结 ·· 67
习题 ··· 68

第 4 章　深入 Python 流程控制 ·· 70
4.1　顺序结构 ·· 70
　　4.1.1　案例一：求任意两个整数和 ··································· 70
　　4.1.2　案例二：随机抽取字母 ······································· 72
4.2　选择结构 ·· 72
　　4.2.1　只需要判断一种的情况 ······································· 73
　　4.2.2　仅有两种情况可以选择 ······································· 73
　　4.2.3　多种可以选择的情况 ··· 74

4.3 循环结构 ··· 80
4.3.1 for 循环 ·· 80
4.3.2 while 循环 ··· 87
4.4 悬挂 else ·· 91
4.5 pass 语句 ·· 92
4.6 三元运算符 ·· 92
4.7 断言 ··· 93
4.8 小结 ··· 94
习题 ·· 95

第 5 章 列表、元组、字典与集合 ·· 98
5.1 列表 ··· 98
5.1.1 什么是列表 ·· 98
5.1.2 创建一个列表 ··· 98
5.1.3 访问列表 ··· 99
5.1.4 对列表元素的操作 ··· 102
5.1.5 列表切片 ··· 109
5.1.6 多维数据 ··· 111
5.1.7 列表排序 ··· 112
5.1.8 列表推导式 ·· 117
5.1.9 内置方法 ··· 117
5.2 元组 ··· 118
5.2.1 定义元组 ··· 118
5.2.2 遍历元组 ··· 120
5.2.3 元组切片 ··· 120
5.2.4 元组运算 ··· 120
5.2.5 删除元组 ··· 121
5.2.6 内置方法 ··· 122
5.2.7 特殊元组 ··· 122
5.3 字典 ··· 122
5.3.1 什么是字典 ·· 123
5.3.2 创建字典 ··· 123
5.3.3 访问字典 ··· 123
5.3.4 对字典的操作 ··· 125
5.3.5 有序的字典 ·· 127
5.3.6 内置方法 ··· 129
5.4 集合 ··· 129
5.4.1 创建集合 ··· 129
5.4.2 对集合的操作 ··· 130

5.4.3 内置方法 · 132
5.5 复制 · 133
5.6 小结 · 134
习题 · 134

第 6 章 函数 · 136

6.1 Python 函数 · 136
  6.1.1 创建和调用 · 136
  6.1.2 函数的参数 · 137
  6.1.3 函数的返回值 · 145
  6.1.4 函数文档 · 146
6.2 函数中的变量 · 148
  6.2.1 局部变量 · 148
  6.2.2 全局变量 · 149
  6.2.3 变量作用域 · 151
6.3 函数式编程 · 152
  6.3.1 高阶函数 · 153
  6.3.2 闭包 · 154
  6.3.3 装饰器 · 155
  6.3.4 lambda · 155
  6.3.5 常用函数 · 156
  6.3.6 偏函数 · 158
6.4 递归 · 159
6.5 迭代器 · 160

第 7 章 类和对象 · 163

7.1 什么是类 · 163
7.2 什么是对象 · 164
7.3 使用类和对象 · 164
  7.3.1 创建类 · 164
  7.3.2 创建对象 · 165
  7.3.3 使用对象 · 166
  7.3.4 内置方法 · 167
7.4 访问控制 · 177
7.5 @staticmethod 和 @classmethod · 181
7.6 @dataclass · 185
7.7 继承 · 188
  7.7.1 如何书写继承 · 188
  7.7.2 子类中的 __init__() · 189
  7.7.3 多继承和多重继承 · 190

第 8 章 模块

7.7.4 组合 ··· 193
7.8 小结 ··· 194
习题 ··· 194

第 8 章 模块 ··· 195
8.1 模块就是程序 ··· 195
8.2 导入模块 ··· 197
8.2.1 模块组成 ··· 197
8.2.2 模块的导入过程 ··· 197
8.2.3 模块与当前程序命名空间的关系 ··· 197
8.2.4 为模块起别名 ··· 197
8.2.5 导入多个模块 ··· 198
8.2.6 dir() 函数 ··· 199
8.3 __name__ ··· 200
8.4 搜索路径 ··· 201
8.5 包结构 ··· 201
8.6 小结 ··· 202

第 9 章 永久储存 ··· 203
9.1 文件操作 ··· 203
9.1.1 打开文件 ··· 203
9.1.2 写入文件 ··· 207
9.1.3 关闭文件 ··· 208
9.1.4 读取文件 ··· 208
9.1.5 文件定位 ··· 209
9.1.6 选择 with 语句 ··· 210
9.2 常用 os 模块方法 ··· 211
9.2.1 os.name ··· 211
9.2.2 os.getenv() ··· 212
9.2.3 os.listdir() ··· 212
9.2.4 os.mkdir() 和 os.makedirs() ··· 212
9.2.5 os.rmdir() 和 os.removedirs() ··· 212
9.2.6 os.rename() ··· 213
9.3 文件对象的其他方法 ··· 213
9.4 文件路径操作的两个重要模块 ··· 213
9.4.1 os.path ··· 213
9.4.2 pathlib ··· 215
9.5 小结 ··· 217
习题 ··· 217

第 10 章 异常处理 · 218

- 10.1 什么是异常 · 218
- 10.2 try-execpt · 218
- 10.3 try-except-finally · 221
- 10.4 else · 222
- 10.5 raise · 223
- 10.6 自定义异常 · 224
- 10.7 静态类型检查 · 225
- 10.8 小结 · 226

第 11 章 Python 计算生态 · 227

- 11.1 标准库 · 227
- 11.2 第三方库 · 230
  - 11.2.1 获取与安装 · 231
  - 11.2.2 不同领域的第三方库简介 · 237
- 11.3 小结 · 239

第 12 章 正则表达式 · 240

- 12.1 什么是正则表达式 · 240
- 12.2 正则表达式书号 · 240
- 12.3 re 模块 · 240
  - 12.3.1 re.match · 242
  - 12.3.2 re.search · 243
  - 12.3.3 re.findall · 245
  - 12.3.4 re.finditer · 246
  - 12.3.5 re.sub · 247
  - 12.3.6 可选标志 · 248
- 12.4 小结 · 249
- 习题 · 249

第 13 章 Python 脚本 · 250

- 13.1 什么是 Python 脚本 · 250
- 13.2 编写 Python 脚本 · 250
- 13.3 处理脚本参数及选项 · 253
  - 13.3.1 使用 argparse · 253
  - 13.3.2 使用 click · 258
- 13.4 安装自定义脚本 · 262
- 13.5 小结 · 264
- 习题 · 264

第 14 章 日志 · 265

- 14.1 为什么使用日志 · 265

- 14.2 日志相关概念 · 265
  - 14.2.1 日志等级 · 265
  - 14.2.2 日志信息与格式 · 266
- 14.3 logging 模块 · 267
  - 14.3.1 日志流程 · 267
  - 14.3.2 logging 简单使用 · 268
  - 14.3.3 自定义 logger · 271
- 14.4 项目中 logging 的使用 · 273
- 14.5 小结 · 275
- 习题 · 276

第 15 章 单元测试 · 277

- 15.1 为什么要进行单元测试 · 277
- 15.2 在 Python 中进行单元测试 · 278
  - 15.2.1 首次使用单元测试 · 278
  - 15.2.2 fixture · 280
- 15.3 小结 · 286
- 习题 · 286

绪 论

"Life is short, you need Python" 短短几个单词，却能够说出 Python 的精髓所在：
- Python 是一门简单的语言，也是一门很容易上手的语言；
- Python 相对于其他编程语言来说，语法简单，更容易上手；
- Python 有众多第三方库和良好的环境生态，可方便使用者寻找所需的第三方模块，从而能够快速调用。

Python 是一种计算机程序设计语言。是一种面向对象的动态类型语言，最初被设计用于编写自动化脚本，随着版本的不断更新和新语言功能的添加，它越来越多地被用于独立的、大型项目的开发。

Python 首版由 Guido van Rossum (吉多·范罗苏姆) 于 1991 年发布，但是 Python 在国内较为流行还是在 2015 年前后。由于互联网技术的发展以及人工智能浪潮的推动，Python 编程在现阶段已经是一个必不可少的技术。

如果将 Python 和 C 语言进行比较，Python 和 C 语言是有相似之处的，但也有很大的不同。Python 和 C 语言一样，都是专业程序员使用的一种编程语言，但 C 语言更加专注于底层的设计，而 Python 更注重于解决使用者所遇到的问题。有时候，使用 Python 能够达到事半功倍的效果，并且运行速度远远超过使用其他语言。但 Python 和 C 语言也不是处于一种对立的关系，Python 的底层是基于 C 语言写成的，所以 Python 和 C 语言也不是水火不容的。笔者认为"Python 是 C 语言的一次全新升级，而 C 语言又是 Python 的底层补充"这句话最能表述 Python 和 C 语言关系。

Python 特别适合于解决比较繁杂而对性能要求并不是特别高的问题，同时也被作为程序员常使用的脚本语言之一。Python 在一定程度上也是一种通用语言，而且在现阶段的诸多领域当中 (图像处理、机器学习、网络服务器、脚本) 都能够发现 Python 的身影。同时，Python 在很多场合下用于替换无类型的脚本语言，这是由于它兼顾了表达性和易用性。

Python 是一个开源的编程语言，编译器、库以及源代码所有人都可免费获得，而且来自全世界的社区都可以向 Python 提交自己的想法以及对源代码的修改。

本书旨在帮助读者开始使用并且熟练掌握 Python 这一门编程语言，并且充分利用 Python 语言的语法特性以及一些库来撰写清晰、符合习惯、优雅、高效的 Python 程序，并且在此基础上学会在大气海洋中掌握并使用 Python 来解决实际问题。

Python 的作者

Python 的作者 Guido van Rossum，荷兰人。1982 年，Guido 获得阿姆斯特丹大学数学和计算机硕士学位。1989 年，他创立了 Python 语言，那时，他还在荷兰的 CWI(Centrum Wiskunde and Informatica，国家数学与计算机科学研究中心)。1991 年初,他发布了 Python 第一个公开发行版。Guido 原居荷兰，1995 年移居美国，并遇到了他现在的妻子。在 2003 年初，Guido 和他的家人，包括他 2001 年出生的儿子 Orlijn 一直居住在弗吉尼亚州北部的郊区。

2002 年，在比利时布鲁塞尔举办的自由及开源软件开发者欧洲会议上，Guido 获得由自由软件基金会 (Free Software Foundation，FSF) 颁发的 2001 年自由软件进步奖。

2003 年 5 月，Guido 获得荷兰 Uuix 用户小组奖。

2005 年 12 月，Guido 加入 Google。他用 Python 语言为 Google 写了面向网页的代码浏览工具，且在 Google 他把一半的时间用来维护 Python 的开发。

2006 年，Guido 被美国计算机协会 (Association for Computing Machinery，ACM) 认定为著名工程师。

2012 年 12 月 7 日，Dropbox 宣布 Guido 加入 Dropbox 公司。

Python 发展简介

Python 到目前都是一门不断发展的语言，它从未停止过前进的脚步。

1989 年，为了消磨圣诞节假期，Guido 开始写 Python 语言的编译器。Python 这个名字，来自 Guido 所挚爱的电视剧 *Monty Python's Flying Circus*。他希望这个叫作 Python 的语言，能符合他的理想：创造一种 C 语言和 shell 之间功能全面、易学易用、可拓展的语言。

1991 年，第一个 Python 编译器诞生。它是用 C 语言实现的，并能够调用 C 语言的库文件。Python 从一出生就具有了类、函数、异常处理、包含表和词典在内的核心数据类型，以及模块为基础的拓展系统。

1994 年 1 月，Python 1.0 发布，增加了 lambda、map、filter 和 reduce。

1999 年，Python 的 Web 框架 Zope 1 发布。

2000 年 10 月 16 日，Python 2.0 发布，加入了内存回收机制，构成了现在 Python 语言框架的基础。

2004 年 11 月 30 日，Python 2.4 发布，同年，目前最流行的 WEB 框架 Django 诞生。

2006 年 9 月 19 日，Python 2.5 发布。

2008 年 10 月 1 日，Python 2.6 发布。

2008 年 12 月 3 日，Python 3.0 发布。
2009 年 6 月 27 日，Python 3.1 发布。
2010 年 7 月 3 日，Python 2.7 发布。
2011 年 2 月 20 日，Python 3.2 发布。
2012 年 9 月 29 日，Python 3.3 发布。
2014 年 3 月 16 日，Python 3.4 发布。2014 年 11 月，宣布 Python 2.7 的官方支持会延续到 2020 年，并且将不会开发 2.8 版本，同时官方希望用户将代码移植到 3.4+ 的版本上。
2015 年 9 月 13 日，Python 3.5 发布。
2016 年 12 月 23 日，Python 3.6 发布。
2018 年 6 月 27 日，Python 3.7 发布。
2019 年 10 月 14 日，Python 3.8 发布。
2020 年 10 月 5 日，Python 3.9 发布。

仔细阅读的读者肯定会发现，为什么 2008 年就发布了 Python 3.0 版本了，而 2010 年又发布了 Python 2.7 版本？这是因为当 Python 3.0 发布时，就不再支持 Python 2.0 的版本，导致很多用户无法正常升级使用新版本，所以后来又发布了一个 Python 2.7 的过渡版本，而且承诺 Python 2.7 的官方支持会延续到 2020 年。本书基于 Python 3.7 版本进行讲解说明。

第 1 章　初见 Python

我们第一次见到 Python 可能会疑惑它奇特的图标。Python 在英语中是蟒蛇的意思，所以其图标由两条蟒蛇组成，且其图标是一个旋转对称的图形，乍一看会让人觉得有一种对称的美感。

无论你之前是从哪里了解到 Python 的，我们最终的目标就是使用 Python 来帮助我们完成想要完成的事情。接下来我们就一起开始使用 Python 这门神奇的语言吧。

1.1　Python 是什么

Python 是采用 C 语言为底层开发的一个高层次的，结合了解释性、编译性、互动性以及面向对象编程特性的脚本语言。

相比其他语言经常使用英文关键字和标点符号，Python 具有更加英文化的表达，使得 Python 程序易读易写。

Python 是解释型语言：Python 的运行无须经过手动编译环节，其程序将在运行时自动编译运行，使得操作简单。类似于 PHP 和 Perl 语言。

Python 是交互式语言：Python 使得代码的键入与执行更加方便，执行后即可显示结果，也就是可以在 >>> 后直接输入语句，等待 Python 解释器返回结果。

Python 是面向对象语言：Python 支持面向对象的代码风格以及代码封装在对象的编程技术。

Python 是初学者的语言：Python 对初级程序员或者刚入门编程的人而言，是一门伟大的语言，它支持广泛的应用程序开发并且语言简单，从简单的文字处理到 Web 浏览器再到游戏，都会见到 Python 的身影。

Python 是一门优秀的语言，让我们一起开始学习吧！

1.2 纯净的 Python

1.2.1 获取 Python

首先想到的获取 Python 的方式就是由 Python 官网[①]获取。进入下载界面[②]后直接单击下图框中所示按钮进行跳转 (由于 Python 2.7 在 2020 年停止官方支持，并且 Python 3.7 发展势头相对较好，所以本书均以 Python 3.7 为基础进行讲解)。

网页跳转以后将会展示如图所示的下载列表，再根据自己的操作系统选择方框之内的链接进行下载即可获取安装文件。

双击安装文件，打开后需要选择"Add Python 3.7 to PATH"以方便后续的操作，而后单击"Install Now"即可完成后续的 Python 安装。

[①] https://www.python.org/。

[②] https://www.python.org/downloads/。

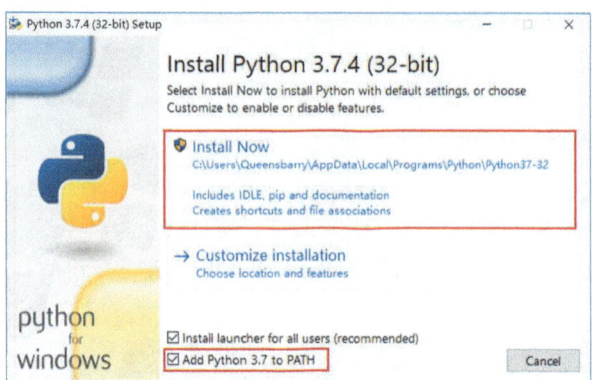

Python 看似是安装完成了，可是我们如何确定 Python 真真正正地安装成功了呢？我们如何去执行 Python 命令呢？接下来我们先进行一个尝试，以确定 Python 真正地安装成功了。

在键盘上按下 Win + R 键，输入 cmd 后按下回车键，再在弹出的黑色框 (本书简称 cmd 窗口) 中键入 python，如果获得的界面与以下界面相近，说明安装成功。

1.2.2 从 IDLE 启动 Python

上节说明了如何确定 Python 是否安装完成，但总不能每次都在那个乌压压的窗口中开始输入我们的代码吧？我们需要一个更好的地方来输入并且运行我们的代码，怎么办呢？那就找到刚刚安装完成的 Python 中的 IDLE 并打开，获得如下界面。这样，我们的 Python 编辑界面就启动成功了。

1.2.3 尝试简单的东西

首先我们可以尝试着在刚刚打开的 IDLE 中输入一些简单的数学式子或者语句，并尝试一下效果，暂时不要求读者掌握输入语句的含义。

可以很容易发现，Python 的语法比较简单，而且运算和数学比较相似，再有就是语句带有些许英语的感觉，如"import this"。当读者输入"import this"以后，可以看到 IDLE 输出了一长串的文字给我们，其实这是一首诗——"Python 之禅"，读者可以先行阅读这首诗，并理解所想表达的意思，且在接下来的学习中，我们也会遇到诗中所讲的内容。

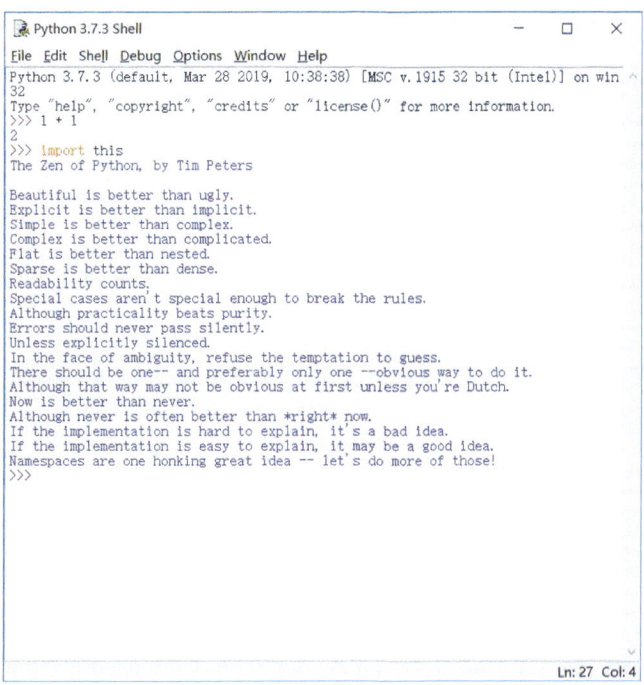

在每一门编程语言学习之初，都有一个不成文的规定，便是让程序输出"Hello World！"。因为世界上的第一个程序输出的就是"Hello World！"，同时它也表示给你带来好运。读者可以尝试以下代码。

```
print('Hello World!')
```

1.2.4 尝试高级编辑器

高级编辑器都是集成开发环境 (integrated development environment, IDE)，其中集成的内容包括运行、编辑、历史记录等。Spyder、WingIDE、PyCharm 是平时比较常用的 IDE。

(1) Spyder

Spyder 与其他 Python 开发环境相比，最大的优点就是它模仿了 MATLAB 的"工作空间"概念，让这款 IDE 可以很方便地浏览和修改数组的值。

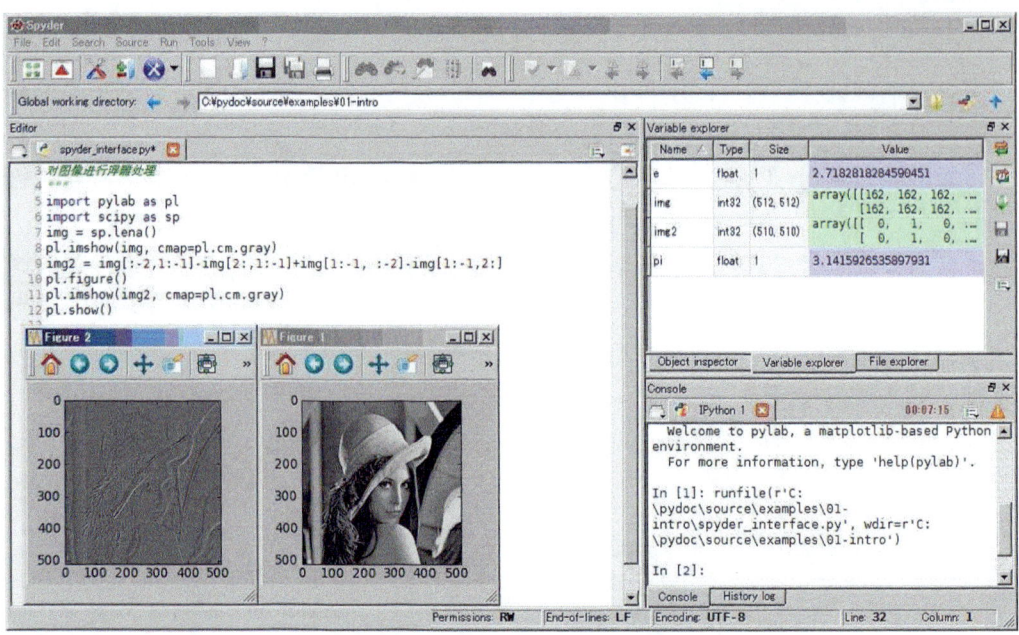

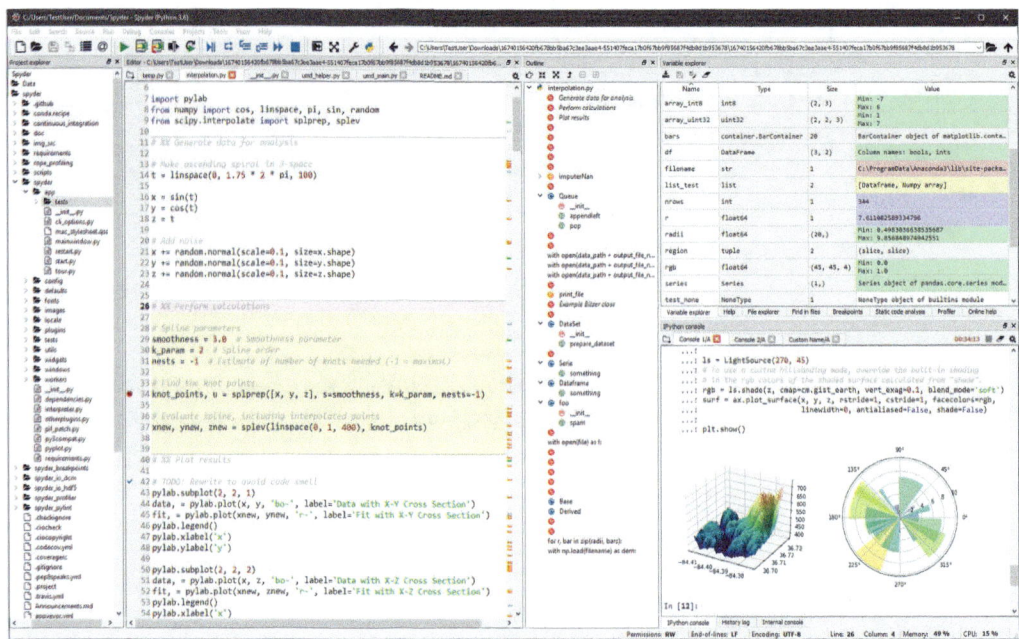

(2) WingIDE

WingIDE 是 Python 编写的专门用于 Python 的 IDE。WingIDE 提供强大的代码补全、调试器等功能,并且它还可以在 Python 中编写脚本和扩展。WingIDE 还具有以下几个优点:强大的调试器、智能编辑器、查找和修复错误、导航代码、自定义工作区、配置简单、资源占用少。

第 1 章　初见 Python

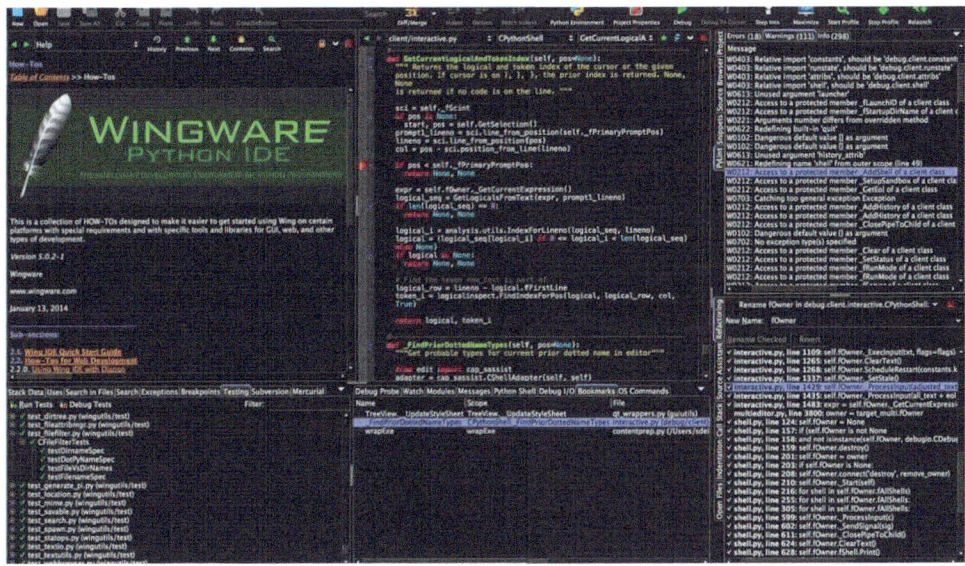

(3) PyCharm

PyCharm 是一款功能强大的 Python 编辑器，工具集成度非常之高。PyCharm 是 JetBrain 公司专门为 Python 开发的 IDE，书写代码体验极强，有代码提示等基础功能，也有 Git 版本控制、VCS 历史浏览等功能。

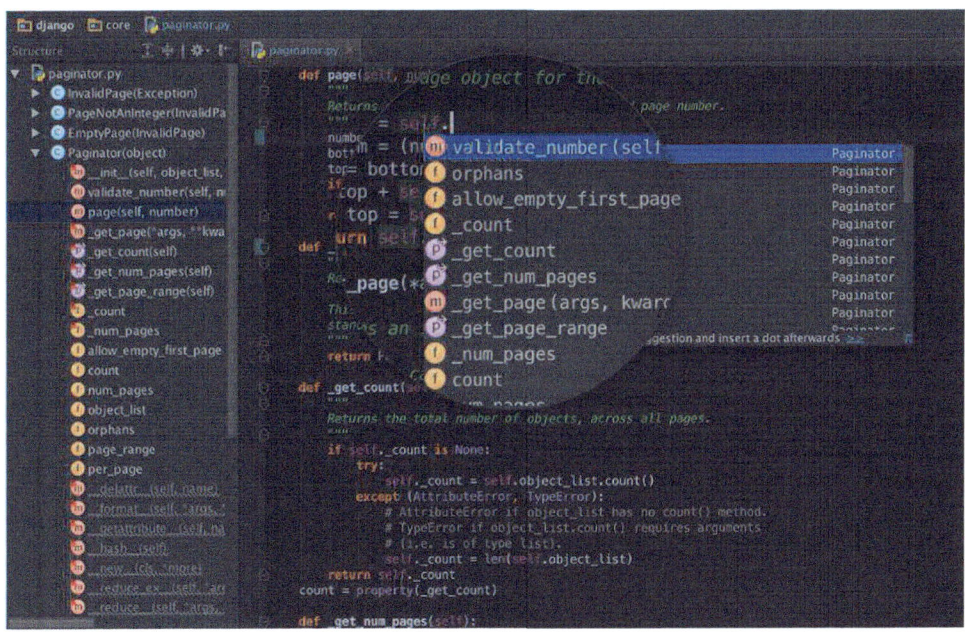

读者可根据自己的习惯以及经济实力选择适合自己的 IDE 来帮助自己学习 Python。当然如果不选择 IDE 也可以选择 Python 自带的 IDLE 进行本书的学习。

1.3 用 Anaconda 的 Python

读者可能会有疑惑,"我不是安装了 Python 吗?还是'纯净的 Python'。现在又有个'用 Anaconda 的 Python',这是个什么东西?"请读者少安毋躁,因为笔者在讲述完本节以后,相信各位读者能获得一些启发。

1.3.1 什么是 Anaconda

Anaconda 是一个软件,它可以便捷地获取 Python 的附加模块且能够对模块进行便捷的管理,同时能够统一管理 Python 环境的工具。Anaconda 包含了 Python、Conda 在内的超过 180 个科学包及其 Python 大多数依赖项,是用于管理 Python 及其科学包的得力助手。

Anaconda 具有如下特点:①为开源软件;②安装简单;③方便更加高效地使用 Python 和 R 语言;④有强大的社区支持;⑤自带一个包管理工具——conda;⑥拥有多环境管理器;⑦收录了众多开源库。

1.3.2 为什么用 Anaconda

Anaconda 本身不是语言,只是一个开源的软件,或者说是专门用于管理 Python 的工具。它是用于管理不同版本 Python 及其第三方包的工具。

使用 Anaconda 将会为我们下载包提供方便,有助于我们对 Python 的掌握。所以笔者建议使用 Anaconda 来管理 Python,通过 Anaconda 来使用 Python。特别是对于想要用 Python 完成机器学习或者大气海洋程序的读者来说,笔者强烈推荐使用 Anaconda 这款软件。

1.3.3 获取 Anaconda

Anaconda 也有它专属的官网地址,进入 Anaconda 的下载列表一般下载最新版即可,可看到如图所示的页面。

若读者需要下载其他版本的 Anaconda,可前往此处 (https://repo.anaconda.com/archive/) 下载。

Anaconda Installers

1.3.3.1 Windows 下 Anaconda 的安装

在下载列表中选择相应的 Windows 版本下载安装,安装过程中需要注意勾选"Add Anaconda to my PATH enviroment variable"以方便后续使用。

1.3.3.2 Linux 下 Anaconda 的安装

Linux 下建议采用 root 用户安装,安装完成后其他用户只需要配置环境变量,即可使用 Anaconda。下面介绍一下采用 root 用户安装 Anaconda 的步骤。

1) 在官网下载 Anaconda 的 Linux 安装包(以 Anaconda3-5.3.0-Linux-x86_64.sh 为例)。

2) 启动安装脚本。

```
bash Anaconda3-5.3.0-Linux-x86_64.sh
```

3) 接受 Anaconda License。

4) 键入安装位置完成安装。

```
/opt/anaconda3
```

5) 写入用户环境变量。

```
export PATH=/opt/anaconda3/bin:$PATH # 写入 ~/.bashrc
source ~/.bashrc # 更新环境变量
```

安装完成后 Windows 用户在 cmd 窗口中输入 conda,Linux 用户在命令行输入 conda,若得到的内容与下述内容相似,即安装成功。

```
usage: conda-script.py [-h] [-V] command ...

conda is a tool for managing and deploying applications, environments and
    packages.

Options:
```

```
positional arguments:
command
clean          Remove unused packages and caches.
config         Modify configuration values in .condarc. This is modeled
after the git config command. Writes to the user .condarc
file (C:\Users\Queensbarry\.condarc) by default.
create         Create a new conda environment from a list of specified
packages.
help           Displays a list of available conda commands and their help
strings.
info           Display information about current conda install.
init           Initialize conda for shell interaction. [Experimental]
install        Installs a list of packages into a specified conda
environment.
list           List linked packages in a conda environment.
package        Low-level conda package utility. (EXPERIMENTAL)
remove         Remove a list of packages from a specified conda environment.
uninstall      Alias for conda remove.
run            Run an executable in a conda environment. [Experimental]
search         Search for packages and display associated information. The
input is a MatchSpec, a query language for conda packages.
See examples below.
update         Updates conda packages to the latest compatible version.
upgrade        Alias for conda update.

optional arguments:
-h, --help     Show this help message and exit.
-V, --version  Show the conda version number and exit.

conda commands available from other packages:
build
convert
debug
develop
env
index
inspect
metapackage
render
server
skeleton
verify
```

1.3.4 Anaconda 的基本操作

笔者所描述的基本操作均为命令型操作，也就是 Windows 需要在 cmd 窗口进行操作，Linux 在命令行进行操作。

1) 查看 Anaconda 中包含的 Python 环境。

```
conda env list
```

以下是样例输出：

```
# conda environments:
#
base                  *  /opt/anaconda3
```

2) 新建 Python 环境。

```
# 命令格式，含义为创建一个名为<name>且Python版本为
# <python version>的Python环境
conda create -n <name> python=<python version>
# 创建一个名为 test, Python 版本为3.7的Python环境。
# 完成安装后，可使用上述查看Anaconda中包含Python环境的命令。
# 查看是否新建了一个环境
conda create -n test python=3.7
```

3) 激活一个环境。

```
# 命令格式，激活一个名为<name>的环境
source activate <name> # Linux
activate <name> # Windows
```

4) 查看当前环境所安装的包。

```
conda list
```

以下是样例输出：

```
libcurl           7.61.0           h1ad7b7a_0      defaults
libedit           3.1.20170329     h6b74fdf_2      defaults
libffi            3.2.1            hd88cf55_4      defaults
libgcc-ng         8.2.0            hdf63c60_1      defaults
libgfortran-ng    7.3.0            hdf63c60_0      defaults
libpng            1.6.34           hb9fc6fc_0      defaults
```

第一列为包名称，第二列为版本号，第三列为序列，第四列为安装的频道。

5) 在当前环境安装一个包。

```
# 命令格式，安装一个名为<package name>的包
conda install <package name>
# 安装一个名为requests的包
conda install requests
```

6) 在当前环境更新一个包。

```
# 命令格式，更新一个名为<package name>的包
conda update <package name>

# 更新一个名为requests的包
conda update requests
```

7) 在当前环境删除一个包。

```
# 命令格式，删除一个名为<package name>的包
conda uninstall <package name>

# 删除一个名为requests的包
conda uninstall requests
```

8) 退出当前环境。

```
source deactivate # Linux
deactivate # Windows
```

9) 删除一个环境。

```
# 命令格式，删除一个名为<name>的环境
conda remove -n <name> --all

# 删除一个名为 test 的环境
conda remove -n test --all
```

1.3.5 镜像的使用

Anaconda 的官方下载通道在国外，直接下载时可能遇到下载速度较慢或者下载失败等问题。因此我们可以考虑采用国内镜像来加速我们的下载。这里以清华镜像[1]为例 (清华镜像已获取 Anaconda 官方授权，因此可以放心使用)。使用步骤如下：清华镜像提供了 Anaconda 仓库与第三方源 (conda-forge、msys2、pytorch 等) 的镜像，各系统都可以通过修改用户目录下的.condarc 文件。Windows 用户无法直接创建名为.condarc 的文件，可先执行如下命令后生成该文件之后再修改：

```
conda config --set show\_channel\_urls yes
```

```
channels:
  - defaults
show_channel_urls: true
default_channels:
  - https://mirrors.tuna.tsinghua.edu.cn/anaconda/pkgs/main
```

---

[1] https://mirror.tuna.tsinghua.edu.cn/help/anaconda/。

```
 - https://mirrors.tuna.tsinghua.edu.cn/anaconda/pkgs/r
 - https://mirrors.tuna.tsinghua.edu.cn/anaconda/pkgs/msys2
custom_channels:
  conda-forge: https://mirrors.tuna.tsinghua.edu.cn/anaconda/cloud
  msys2: https://mirrors.tuna.tsinghua.edu.cn/anaconda/cloud
  bioconda: https://mirrors.tuna.tsinghua.edu.cn/anaconda/cloud
  menpo: https://mirrors.tuna.tsinghua.edu.cn/anaconda/cloud
  pytorch: https://mirrors.tuna.tsinghua.edu.cn/anaconda/cloud
  simpleitk: https://mirrors.tuna.tsinghua.edu.cn/anaconda/cloud
```

接着运行 conda clean -i 清除索引缓存，保证用的是清华镜像站提供的索引。

1.3.6 Anaconda 和 Python 的关系

至此，我们来梳理一下 Anaconda 与 Python 的关系。Python 是一门编程语言，而 Anaconda 是一个包含了 Python 这门编程语言的软件，所以 Anaconda ≠ Python。那 Anaconda 和 Python 到底是什么关系呢？简单的表述就是

$$\text{Anaconda} = \text{Python} + \text{env} + \text{package} + \text{others}$$

Anaconda 包含了 Python 的多环境管理，使得一台机器当中可以拥有多个版本的 Python，并且它们之间相对独立，也就是说，不同版本的 Python 之间互不干扰。不同版本的 Python 处在不同的环境中，在这样的环境中，可以安装不同的模块以满足不同需求对于 Python 环境的要求。

1.4 安装错误解决方案

如果完全根据前面的步骤，读者应当能够成功地安装纯净的 Python 或者是基于 Anaconda 的 Python，如果实在无法安装，读者可以尝试使用以下方案：①将之前的所有操作中止，并且回滚之前所做的操作，清空目标安装文件夹，重新安装。②若安装提示具体错误，可以根据错误的代码或者 Traceback 提示到互联网中搜索。③请已经掌握 Python 语言的人帮忙。④对于 Linux 系统，请确定你有操作权限。

不要担心你的安装出现错误，错误会经常伴随着编程，只不过我们需要了解错误并且解决错误即可。无论采用什么样的方法，解决问题的过程就是向前迈进的一大步。

1.5 运行 Python 脚本

1.5.1 Windows 环境

想要在 Windows 环境下运行 Python 脚本，首先得编写我们的第一个脚本文件 hello.py。使用 IDLE 编写并保存为 hello.py 文件。在 IDLE 中编写 Python 的步骤如下：

1) 打开 IDLE，并且单击 File -> New File，打开如下图所示窗口。

2) 在界面中输入如下内容：

```
print('Hello World!')
print('Life is short, I use Python.')
```

3) 单击 File -> Save，保存为 hello.py 的 Python 脚本文件。

方案一 (新手推荐)：在上述输入代码的窗口中单击 Run -> Run Module，即可看到输出效果。

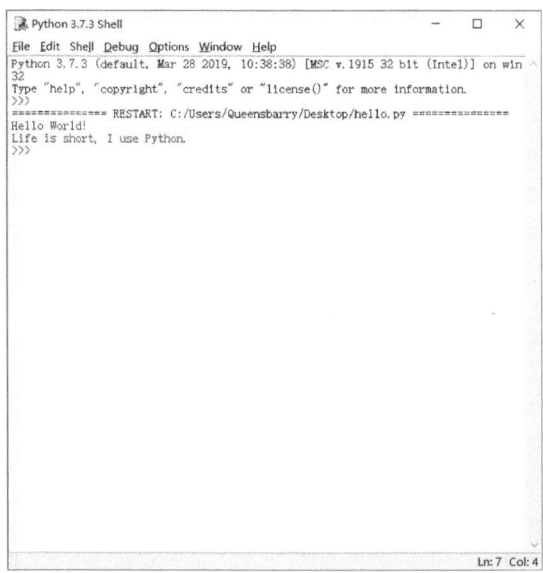

方案二：在 hello.py 所保存的文件夹中打开 cmd 窗口，输入如下命令即可运行 Python 脚本：

```
# 命令格式，运行一个名为<name>的程序
python <name>.py

python hello.py
```

输出为以下内容即运行成功：

```
Hello World!
Life is short, I use Python.
```

1.5.2 Linux 环境

想要在 Linux 环境下运行 Python 脚本，首先得编写我们的第一个脚本文件 hello.py。使用 vi 命令新建名为 hello.py 的文件，在文件中写入如下内容：

```
print('Hello World!')
print('Life is short, I use Python.')
```

在 hello.py 所保存的文件夹中输入如下命令即可运行 Python 脚本：

```
# 命令格式，运行一个名为<name>的程序
python <name>.py

python hello.py
```

输出为以下内容即运行成功：

```
Hello World!
Life is short, I use Python.
```

1.6 小 结

在本章中，你应该已经大致了解了什么是 Python，并且还安装了 Python，甚至你还了解了如何用 Python 写些简单的东西并且能够运行它们。除了 Python 以外，你应该还了解了 Anaconda 是什么，并且基于 Anaconda 进行了创建、删除等一系列管理 Python 环境的操作。完成本章学习后，你应该获得了你的第一个 Python 脚本——hello.py。

习 题

1. 浏览 Python 的官网，熟悉一下 Python 的社区等内容。
2. 运行以下代码，查看一下输出结果：

```
print(1 + 1)
print('1 + 1')
print('1' + '1')
```

3. 尝试用 conda 命令创建一个新的 Python 环境，这个 Python 环境的取名为 first。创建完成后，在这个环境中安装一个名为 scrapy 的模块，安装完成后，查看模块列表，确定在 first 环境中安装了该模块。

第 2 章 尝试使用 Python

第 1 章我们把 Python 安装完成了，那么安装完成后我们总得用 Python 先来干些什么事情来缓解一下躁动的心情。在本章，我们将用 Python 开发我们的第一个小游戏。这个小游戏虽然简单，但是对入门 Python、对 Python 产生兴趣是足够的。

完成小游戏以后，我们就会开始 Python 语言的学习，包括它的语法以及数据结构。但是在此之前，本章将会讲述一些与 Python 书写相关的内容，以帮助读者在将来的学习中对代码格式以及内容有更深入的理解。

2.1 尝试用 Python 写个小游戏

毫无疑问，Python 是强大的，只有你想不到的，没有它做不到的。现在，我们就先用 Python 来做一些有意思的事情。没错，我们要用 Python 来开发一款属于我们自己的游戏。那么开发什么游戏呢？《英雄联盟》？那是有点困难的。不过我们能在现阶段力所能及的范围内开发一些小游戏，借这些小游戏来让我们更好地了解 Python，快速积累基础知识。

下面，就让我们来看一个小游戏，读者可以尝试在 IDLE 中键入代码，在过程中试一试是否能读懂每一句的含义。

```
import random

s = random.randint(0, 11)
b = str(s)

print('开始比大小了哦')
number = input("请想一个 0-10 的数字: ")
a = int(number)

if a > s:
    print('佩服佩服，比我大，我的数字是：' + b)
elif a < s:
    print('小老弟不行啊，我的数字是：' + b)
else:
    print('旗鼓相当的对手，我的数字是：' + b)

print('游戏结束')
```

完成输入后，运行这段代码。

以下是样例输出：

```
开始比大小了哦
请想一个 0-10 的数字：2
小老弟不行啊，我的数字是：8
游戏结束
```

虽然这是一个简单的游戏，没有《英雄联盟》那么高级，但是对于 Python 的初学者来说，还是应该先好好地研读一下这段代码，让自己对 Python 程序有一个感性的认识。

我们的小游戏玩完了，虽说这好像不像一个游戏，但并不阻碍我们前进的脚步。可以看到，这段代码相对是基础的，随着后续学习的深入，当学习了变量、分支、循环、条件、函数等内容后，我们可以将小游戏不断改进以实现更多更有趣的功能，但我们现阶段的目的还是要打好基础。接下来我们就以这段代码为例向读者介绍一些 Python 内容，让读者对 Python 先有一些了解。

import 英语翻译过来就是导入的意思，在这里也是导入的意思，导入的内容是一个他人已经写好的程序 (暂时可以先这样理解)，为后面使用他人写的代码打下基础。在过程中也可以发现，其实 Python 的语法习惯接近于英语原生的语法习惯，这也是 Python 程序易读易懂的原因之一。random.randint 就是用他人写好的程序里面的东西，在这里取介于 1(含)~11(不含) 的随机的一个整数，而且把这个整数交给一个名为 s 的变量来储存。接下来的 str 就是 Python 中特有的一个内建函数 (built-in functions, BIF)，作用是将一个数字变成字符，转变之后把它交给一个名为 b 的变量来储存。接下来是 print 语句，这个语句相信读者在之前的尝试中已经见过多次，其实它也是一个 BIF，作用就是将我们需要展现的东西给打印出来，它可以用来打印字符，也可以用来打印变量的值，print 的运用在 Python 中极其广泛，不管是什么类型的变量，print 语句均可以将它们打印出来。接下来我们又遇到了一个 BIF，名为 input，顾名思义就是接受一个用户的输入，并且将这个输入的内容传给一个名为 number 的变量，但是用户输入的内容看上去是一个数字，但实质上是一个字符，字符和数字并不能相互比较大小，因此 int 语句就会将一个字符转变成一个整数类型的数字，在程序中还将转换后的数字交给 a 这个变量。到此，我们就获得了两个整数类型的数字，接下来就可以开始比较大小了。

当我们获得了两个整数类型的数字以后，我们可以用 if 语句来比较它们的大小了。if 这个单词在英语中相信读者已经知道是"如果"的意思，那么在此基础上看到 if ... elif ... else ... 语句应该就得心应手了。if 语句块的意思就是，如果 $a > s$ 打印一些内容；如果 $a < s$ 打印另一些内容；如果都不满足上述情况，那么剩下的就交给 else 处理了。

上面为读者解析了这段代码的含义，是不是和你当时键入代码的时候想象的一样呢？如果基本上符合你的理解，那么恭喜你已经初步掌握了 Python 语言的简单入门级别。如果读者的理解和笔者的解析有一定出入，那也并无大碍，因为我们后续的内容还会讲解里面的具体内容，只要读者仔细钻研，一定能发现其中的道理。

2.2 缩　　进

在我们的游戏代码中，有一个内容是比较明显的，那就是代码的格式 (每句代码前都可能有不同数量的空格)，这些空格就是 Python 的缩进。这也是 Python 相对于其他编程语言的特色，有些读者可能发现这个小程序没有任何大括号，学习过其他编程语言的读者可能也会发现，在其他编程语言中可以用大括号来定义循环等条件的范围，而在 Python 中是没有大括号可以定义语句块的。在 Python 中，我们只需要用适当缩进来表示即可，缩进是 Python 表示语句块的唯一方法。

缩进是 Python 的灵魂，可以让代码更加简洁高效，但也要注意，错用缩进造成的结果可能会和你的想法相悖。我们尝试着改变代码的缩进再运行，则会报 SyntaxError (语法错误)。

```
import random

s = random.randint(0, 11)
b = str(s)

print('开始比大小了哦')
number = input(" 请想一个 0-10 的数字: ")
a = int(number)

if a > s:
    print(' 佩服佩服，比我大，我的数字是: ' + b)
elif a < s:
    print(' 小老弟不行啊，我的数字是: ' + b)
else:
    print(' 旗鼓相当的对手，我的数字是: ' + b)

print('游戏结束')
```

那么如何正确书写 Python 的缩进呢？我们可以先理解缩进的规则，缩进中从上到下相同的空格数是一级的，代码依次执行，如

```
number = input(' 请想一个 0-10 的数字:')
a = int(number)
```

上述代码中，number = input() 语句与 a = int() 语句前都没有空格，也就表明它们是同一个级别的，那么 Python 解释器就会先执行 number = input() 语句再执行 a = int() 语句。

如果代码中有空格数不同的情况，Python 解释器会以从左向右优先级执行 (空格数小的那一行代码会优先执行)，如

```
if a > s:
    print(' 佩服佩服，比我大，我的数字是:' + b)
```

上述代码中，print() 语句前有 4 个空格，if 语句前没有空格，print() 语句在 if 语句的右侧，所以 Python 解释器会优先执行 if 语句，如果符合 if 语句要求的条件，那么解释器就会再执行 print() 语句，类似于上下级；但如果 if 语句要求的条件不成立，那么对于这个 if 的下级代码就都不会执行。

但是仅仅会看还是不够的，读者也要会书写，正确书写缩进要注意以下几个要点：

1) 源代码的第一行不需要缩进 (不允许以任何空格开头)。

2) 标准 Python 缩进风格是每个缩进级别使用 4 个空格，建议统一使用 4 的倍数的空格数来控制代码缩进。

3) 建议不要混用 Tab 制表符和空格，推荐代码内统一使用 4 的倍数的空格数，或者统一使用一个或多个 Tab 制表符。

注意，如果在正确的地方输入冒号 (:)，IDLE 会在下一行自动缩进，如在 if、elif、else 后键入冒号 (:) 下一行会自动在行前增加 4 个空格数。

2.3　BIF

在游戏中，我们也使用了很多 BIF 来简化我们的代码。在游戏代码的讲解过程中，我们也为大家讲解了游戏中所使用的 BIF，这些都是最简单的 BIF，希望读者可以熟练掌握并且运用，下面为大家详细介绍一下 BIF。

BIF 就是 Python 的内置函数，巧妙运用 BIF，可以简化代码提升速度。Python 为我们提供了 68 个 BIF，可谓是内容丰富、各司其职，我们有需要时只需直接调用即可。输入 dir(__builtins__) 可以看到 Python 提供的内置函数列表，如下所示：

```
['ArithmeticError', 'AssertionError', 'AttributeError', 'BaseException',
 'BlockingIOError', 'BrokenPipeError', 'BufferError', 'BytesWarning',
 'ChildProcessError', 'ConnectionAbortedError', 'ConnectionError',
 'ConnectionRefusedError', 'ConnectionResetError', 'DeprecationWarning',
 'EOFError', 'Ellipsis', 'EnvironmentError', 'Exception', 'False',
 'FileExistsError', 'FileNotFoundError', 'FloatingPointError',
 'FutureWarning', 'GeneratorExit', 'IOError', 'ImportError',
 'ImportWarning', 'IndentationError', 'IndexError', 'InterruptedError',
 'IsADirectoryError', 'KeyError', 'KeyboardInterrupt', 'LookupError',
 'MemoryError', 'ModuleNotFoundError', 'NameError', 'None',
 'NotADirectoryError', 'NotImplemented', 'NotImplementedError', 'OSError',
 'OverflowError', 'PendingDeprecationWarning', 'PermissionError',
 'ProcessLookupError', 'RecursionError', 'ReferenceError',
 'ResourceWarning', 'RuntimeError', 'RuntimeWarning', 'StopAsyncIteration',
 'StopIteration', 'SyntaxError', 'SyntaxWarning', 'SystemError',
 'SystemExit', 'TabError', 'TimeoutError', 'True', 'TypeError',
 'UnboundLocalError', 'UnicodeDecodeError', 'UnicodeEncodeError',
 'UnicodeError', 'UnicodeTranslateError', 'UnicodeWarning', 'UserWarning',
 'ValueError', 'Warning', 'WindowsError', 'ZeroDivisionError',
 '__build_class__', '__debug__', '__doc__', '__import__', '__loader__',
```

```
'__name__', '__package__', '__spec__', 'abs', 'all', 'any', 'ascii',
'bin', 'bool', 'breakpoint', 'bytearray', 'bytes', 'callable', 'chr',
'classmethod', 'compile', 'complex', 'copyright', 'credits', 'delattr',
'dict', 'dir', 'divmod', 'enumerate', 'eval', 'exec', 'exit', 'filter',
'float', 'format', 'frozenset', 'getattr', 'globals', 'hasattr',
'hash', 'help', 'hex', 'id', 'input', 'int', 'isinstance', 'issubclass',
'iter', 'len', 'license', 'list', 'locals', 'map', 'max', 'memoryview',
'min', 'next', 'object', 'oct', 'open', 'ord', 'pow', 'print',
'property', 'quit', 'range', 'repr', 'reversed', 'round', 'set',
'setattr', 'slice', 'sorted', 'staticmethod', 'str', 'sum', 'super',
'tuple', 'type', 'vars', 'zip']
```

注意，dir(__builtins__) 中是前后两个下划线，不然会报错：

```
NameError: name '_builtins_' is not defined
```

在通过显示 dir(__builtins__) 获得的列表中，小写字母表示的就是 BIF，如果你想了解其中一个 BIF 的详细功能介绍，便可以用 help()，来了解 BIF 的功能：

```
help(print)
```

以下是样例输出：

```
Help on built-in function print in module builtins:

print(...)
    print(value, ..., sep=' ', end='\n', file=sys.stdout, flush=False)
    
    Prints the values to a stream, or to sys.stdout by default.
    Optional keyword arguments:
    file:  a file-like object (stream); defaults to the current sys.stdout.
    sep:   string inserted between values, default a space.
    end:   string appended after the last value, default a newline.
    flush: whether to forcibly flush the stream.
```

那么有的初学者便要问了：这么多 BIF，我们怎么记得住？怎么才能熟练运用？它们中哪些比较重要？

读者看到这里也暂时不要心急，笔者为大家归纳了一些比较常用的 BIF。

2.3.1 输入输出函数

1) input() 函数：输入函数，用于接收用户在控制台所输入的内容，并且可存放在一个变量当中。

```
n = input('请输入用户名:')
print('你的名字是: ' + n)
```

以下是样例输出：

```
请输入用户名：Li. Z L
你的名字是：Li. Z L
```

2) print() 函数：输出函数，向控制台输出需要显示的内容，内容可以是数字、字符串甚至是未来将要学习的对象。Python 中的 print 语句能够打印的内容只有想不到的，没有 Python 解释器做不到的。

```
print(1)
print('abcd')
```

```
print(ValueError)
```

以下是样例输出：

```
1
abcd
<class 'ValueError'>
```

2.3.2 进制转换函数

1) bin()、oct()、hex()：进制转换函数。使用 bin()、oct()、hex() 进行转换时的返回值均为字符串，且带有 0b、0o、0x 前缀。

十进制转换为二进制：

```
bin(10)
```

以下是样例输出：

```
'0b1010'
```

十进制转为八进制：

```
oct(12)
```

以下是样例输出：

```
0x14
```

十进制转为十六进制：

```
hex(12)
```

以下是样例输出：

```
'0xc'
```

2) int() 转化为十进制数字的函数。

二进制转为十进制：

```
int('1010', 2)
```

以下是样例输出：

```
10
```

八进制转为十进制：

```
int('014', 8)
```

以下是样例输出：

```
12
```

十六进制转十进制：

```
int('0xc', 16)
```

以下是样例输出：

```
12
```

2.3.3 求数据类型函数

1) type()：判断数据类型。

```
a = 'abcd'
b = 1234
c = type(a)
d = type(b)
print(c)
print(d)
```

以下是样例输出：

```
<class 'str'>
<class 'int'>
```

2) isinstance()：判断变量是否属于某一数据类型，可以判断子类是否属于父类。

```
a = 10
print(isinstance(a, int))
print(isinstance(a, str))
print(isinstance (a, (str, int, list)))
```

以下是样例输出：

```
True
False
True
```

2.3.4 del()：删除对象函数

```
n = 'abc'
# 注意：变量一旦删除，就不能引用，否则会报错
del(n)
print(n)
```

以下是样例输出：

```
NameError: name 'n' is not defined
```

2.3.5 数字函数

1) sum()：求和函数。

```
print(sum([0, 1, 2]))
```

以下是样例输出：

```
3
```

2) max()：返回所给参数的最大值。

```
print(max(0, 1, 2))
```

以下是样例输出：

```
2
```

3) min()：返回所给参数的最小值。

```
print(min(0, 1, 2))
```

以下是样例输出：

```
0
```

4) pow(a,b)：求 a 的 b 次方。

```
print(pow(2, 3))
```

以下是样例输出：

```
8
```

这里总结的常用 BIF 供读者参考，并不要求在本章就完全掌握上述所有 BIF，因为涉及的内容范围比较广，所以读者可以选择性阅读，在完成后续的学习后，如需要查看 BIF 的内容，可以再次阅读本节。

2.4 PEP8

现阶段,我们所学有限,敲出的代码比较简洁,但随着我们对 Python 了解的不断深入,如接触到分支、循环、条件等内容,为了实现更多的目标代码会愈加复杂,而每个人的敲代码习惯不同便会产生个人的代码风格。所以,为了增加代码的可读性,PEP8(Style Guide for Python Code) 便出现了,PEP8 是对 Python 代码风格的描述。

PEP8 描述了 Python 编程风格的方方面面。其实,我们在前面就已经接触过了。例如,在 Python 的缩进中,推荐使用 4 及 4 的倍数的空格数作为缩进。在遵守 PEP8 的条件下,不同程序员编写的 Python 代码可以保持最大程度的相似风格,这样就易于阅读,易于程序员之间交流。下面为大家介绍 PEP8 的一些内容。

2.4.1 缩进和对齐

1) 缩进中推荐使用 4 及 4 的倍数的空格数或 1 个或数个 Tab 通配符,避免混用 Tab 通配符和空格。

2) 代码行宽限制在 79 个字符之内,文档和注释限制在 72 个字符之内。

3) 当小括号、中括号、大括号中的元素需要换行时,元素应垂直对齐,但紧接的一行若为 if、else、while 开头,应使用更多的缩进以区分。

4) 当二元运算符前换行时,需要以该二元运算符作为新一行的开头标志。

5) 当多条语句同行时,即使语句简洁,也不推荐多条语句写在同一行。

2.4.2 import 导入

1) import 导入应分行,如

```
import datetime
import time
# 同时导入多个不需分行
from subprocess import Popen, PIPE
```

2) import 导入应位于代码最上方,在模块注释和文档字符串之后,在模块的全局变量与常量之前。

3) import 导入应按照标准库、第三方库,以及本地模块的顺序进行,需加空行分割。

4) import 导入推荐使用绝对路径导入,使用后性能更好、可读性更强。

2.4.3 空格

1) 应省去跟在小括号、中括号、大括号后的空格,以简化代码。

2) 应省去跟在逗号、分号、冒号前的空格,以简化代码。

3) 避免在语句尾部添加空格,避免因多加空格而造成代码错误 (如在 / 后加空格)。

4) 在二元运算符的两边增加空格,若一语句中有多个二元运算符,则在较低运算符前后添加空格 (如 $s = 1 / 2 + 3$)。

2.4.4 注释

1) 修改代码时应删掉相应的注释，避免留下与代码不对应的注释及错误的注释。

2) 一行注释中，应使用 # 及一个空格键开始，如果使用多行注释，可以使用一个单行注释 (一行仅一个 #) 来分割段落。

3) 在代码行后的注释应与代码间隔两个及以上空格，以 # 加空格开始。

4) 在代码中，应该为所有公共的模块、函数、类和方法编写文档注释，一般使用三个双引号写文档注释，且如果是单行注释，三单引号应与注释内容行同行；如果是多行注释，三单引号应另起一行。

2.4.5 命名

1) 新旧代码命名规范应相同。

2) 命名时，应避免使用首字母大写加下划线的样式 (如 Abc_Cde)。

3) 为避免与 Python 内部关键字冲突，可以使用单下划线结尾。

4) 使用 O(大写的 O)、l(小写的 L) 和 I(大写的 I)，因为有些字体中无法区分它们是数字 0 和 1 还是英文字母 L 和 O。

5) 代码中类名应首字母大写。

6) 代码中函数名应全部小写。

7) 代码中常量推荐全大写并与下划线配合。

2.4.6 其他

1) 连接字符串时，应避免使用如 str1 = str1 + str2 的样式，推荐使用字符串方法 join 来连接字符串。

2) 对比两个对象的数据类型时，推荐使用 isinstance 而非 type。

2.5 小 结

通过本章学习，读者应该了解了 Python 程序的大致构成，成功地尝试用 Python 写了一个自己的小游戏，并且理解了小游戏的工作原理以及代码含义。同时也应该了解了 Python 关于缩进采用 4 个空格为最佳的缩进标准。

通过本章学习，读者应该同时了解了 Python 的内建函数以及部分内建函数的功用，并且成功尝试使用常见的内建函数，了解它们的用处。最后读者应该阅读简单的 PEP8 规则，为以后书写 Python 程序奠定良好的基础。

习 题

1. 在 Python 中使用缩进时，是否可以混用空格和 Tab 制表符？在 PEP8 中，推荐使用哪一种缩进？

2. 在 Python 中，什么是 BIF？用什么方法可以查看全部 BIF？

3. 在 Python 中，可以用什么方法查看一个陌生的 BIF 帮助文档？请尝试使用该方法查看 sum() 函数的功能。

4. Python 中的 PEP8 是一个什么文档？有什么作用？
5. 下面是一个有误的"猜数字"小游戏，请修改后运行。

```
    print( "数字范围是1-10")
n = input( "请猜一下我现在想的数字:")
s = int(n)
if s = = 8  :
print( 哼,猜对了也没有什么奖励")
elif s > 8    :
print( "哥, 大了大了~~~")
else  :
print( "哥, 小了小了~~~")
print( "游戏结束")
```

6. 请用合适的 BIF 编写代码实现下述功能。以下是输入及输出样例：

```
请输入用户名: Li. Z L
你的名字是: Li. Z L
```

7. 请将二进制数 1011、八进制数 027、十六进制数 0xc 分别转化为十进制数后求出它们中的最大值、最小值，并且求出三个数的十进制之和。

第 3 章　Python 语言基础

在真正进入 Python 学习之前，我们还是要将 Python 语言的基础学会，并且需要读者熟悉这些基础内容。这些基础内容是将来学习的根本，后续的学习中依然会借助本章的基础，将其深化与堆叠，所以掌握本章是十分重要的。接下来就让我们一起来探索 Python 语言的基础。

3.1　变　　量

3.1.1　什么是变量

"变量"这个词大家应该都不会太陌生。例如，在数学方程的学习当中，以 $y = x + 1$ 为例。在上述方程当中，x 为自变量，y 为因变量，但是它们都可以称为变量。总而言之，变量在数学中的定义就是：没有固定值的符号代表，同时这个符号是可以改变的数。

然而，计算机语言中变量的概念大多来源于数学中对变量的定义。在计算机语言中，变量就是一个存储数据的内存空间。当我们在程序中定义一个变量后，程序运行中，程序本身就会向计算机内存申请一个带有地址标识的空间对象，然后用来存储程序中定义的数据。完成上述操作以后，程序就可以通过变量名找到 (指向) 这个值。但是计算机语言中的变量与数学中的变量不同，计算机语言中的变量不仅仅可以是数字，还可以是字符、字符串等很多类型的数据。

与其他语言不同的是，Python 在定义变量时是不用提前声明变量的类型的。换句话说，你给它赋予一个何种类型的值，Python 解释器会自动识别此时这个变量应当以何种类型存储。

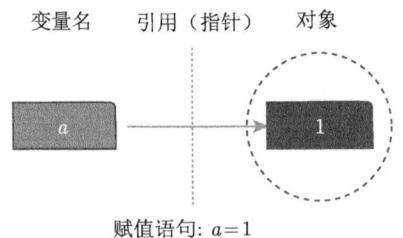

上述图标表明程序通过 $a = 1$ 这个语句，在计算机当中为 a 赋一个值的过程。但是对于普通用户来说，仅仅需要知道经过上述语句，我们也就声明了一个名为 a 的变量，并且此时它的值为 1。

3.1.2　给变量赋值

在 Python 中，如果需要定义变量，或者说当给一个变量赋值时，遵循 "< 变量名 > =

<值>"。在等号的左右两端,左侧为变量的名字,右侧为变量的值,这个值的类型可以多种多样,既可以是数字,也可以是字符,甚至还可以是我们之后要接触的对象。

以下用几个例子向读者展示 Python 中变量的命名。

案例一:

```
a = 1
print(a)
```

以下是样例输出:

```
1
```

在本案例中,先建立一个名为 a,值为 1 的变量,接着我们输出这个变量,print 方法是用名字 a 来调用,因此得到输出的值为 1。

案例二:

```
a = 1
a = 2
print(a)
```

以下是样例输出:

```
2
```

在本案例中,我们先令 $a=1$,接着使用 $a=2$ 修改变量 a 的值,此时原本变量 a 的值 1 就被 2 替换掉了。因此,再输出变量 a 的值时,得到的就是给它赋的最后一个值 2。由此我们可以知道,当一个变量名被二次赋值时,它第一次被赋的值会被第二次赋的值覆盖。所以,每个变量名对应的值是可以变化的,但每个变量名在同一时间对应的值只有一个,即最后一次被赋的值。

案例三:

```
a = 1
b = a
a = 2
print(a)
print(b)
```

以下是样例输出:

```
2
1
```

在本案例中,先令 $a=1$,再让 $b=a$,表明将变量 a 的值也传递给变量 b,那么此时变量 b 的值为 1。然后再令 $a=2$,代表修改变量 a 的值为 2,但是此时变量 b 并未被赋予新的值,因此变量 b 的值仍然为 1。

根据上面对变量的介绍我们可以知道，每个变量都必须有它自己的名字。如果一个变量没有名字，那么我们将无法定义变量，也没有办法根据名字来找到这个变量。然而，变量的名字也不能随意定义，也需要遵循一定的规则。

变量的命名也是一种艺术。在编程中，命名一个变量要做到"见名知意"，这就是一个好的变量的命名习惯。但是，对于变量的命名首先需要做到的是符合基本命名规范：① 变量名只能包括字母、数字和下划线。② 变量名不能以数字开头。③ 不能使用 Python 保留的关键字 (保留字) 及 BIF 作为变量名。例如，用 print 作变量名就是不允许的。但是整个变量的名字中可以包含关键字。④ 在 Python 中，变量名是区分大小写的。例如，变量 A 和变量 a 是两个变量。

下面对变量的基本命名规范中第三点的保留字做出一些说明：关键字是指在 Python 内部已经使用的标识符，关键字具有特殊的功能和含义，因此开发者不允许定义和关键字相同名字的变量。对于 Python 的内置函数 (BIF)，已经在之前的内容有相应的介绍，以下是为读者列出的 Python 中的关键字。

and	elif	import	return
as	else	in	try
assert	except	is	while
break	finally	lambda	with
class	for	not	yield
continue	from	or	True
def	global	pass	False
del	if	raise	None

接下来将通过几个例子让读者对 Python 变量的命名规范有更深刻的认识。

案例一：

```
name1 = 666
print(name1)

1name = 666
print(1name)
```

以下是样例输出：

```
666
SyntaxError: invalid syntax
```

在本案例中，程序先定义了一个变量，其变量名为 name1，可以发现名为 name1 的变量可以被正常地调用。紧接着我们又尝试定义一个名为 1name 的变量，根据输出可以看到，我们失败了，无法定义一个名为 1name 的变量，因为我们违背了"变量名不能以数字开头"这个原则，所以 Python 的解释器给我们报了一个语法错误，即 SyntaxError。

案例二：

```
# 例一：
name1_1 = 888
print(name1_1)

# 例二：
name1.2 = 888
print(name1.2)

# 例三：
name1 3 = 8
print(name1 3)
```

以下是样例输出：

```
# 例一输出：
888

# 例二输出：
SyntaxError: invalid syntax

# 例三输出：
SyntaxError: invalid syntax
```

在本案例，例二和例三违背了"变量名只能包括字母、数字和下划线"这个原则。很多初学的读者，在命名的时候多喜欢采用 1.1、1.2 这样的格式来标记变量，或者使用空格来对变量名进行分割。这些在英语中常用的方法在 Python 中都是不被允许的。因为变量名中不能出现小数点和空格这些特殊符号，所以如果需要标记序号或者分割变量名的时候，读者可以把小数点或空格用下划线"_"来代替。

案例三：

```
# 例一：
try = 1
print(try)

# 例二：
try1 = 1
print(try1)
```

以下是样例输出：

```
# 例一输出：
SyntaxError: invalid syntax

# 例二输出：
```

```
1
```

在本案例中，当我们用关键字 try 给变量命名时，出现了语法错误 SyntaxError。而当我们采用 try1 命名时，却可以成功定义变量。这说明我们是不可以直接用关键字给变量命名的，但有时确实需要用到关键字命名时，我们可以给关键字后面加上数字、字母或者下划线，这样就可以顺利定义变量了。但是我们命名时还是尽量不要使用关键字，养成良好的编写习惯，以免造成混淆。

案例四：

```
name = 1
Name = 2
print(name)
print(Name)
```

以下是样例输出：

```
1
2
```

笔者之前在讲述变量赋值的时候就提到，如果对同一个变量二次赋值，那么这个变量第一次被赋的值将会被第二次赋的值覆盖掉，最终变量的值就为第二次赋的值。在本案例中，我们先给变量 name 赋值为 1，然后给变量 Name 赋值为 2，最后输出它们两个变量的值。根据输出可以发现，变量 Name 的值变更没有把变量 name 的值覆盖，而是作为另一个不同的变量存在，被重新定义。因此我们在定义变量名或者调用变量的时候，要格外注意大小写，以免调用到错误的变量。为了减少因大小写问题出错，我们可以尽量统一使用小写，没有特殊需求时不使用大写字母。

在 PEP8 规范当中，建议采用全小写来命令变量，如果有需要语义分割的地方，可以采用下划线进行分割，以下是根据规范要求的变量名书写样例：

```
visibility = 999
pacific_ocean_visibility = 999
```

值得注意的是，根据编程习惯，有时候会采用 2 表示 to 以及 4 表示 for。

3.2 字 符 串

3.2.1 普通字符串

3.2.1.1 字符串的定义

字符串就是符号或数值的一个连续序列。字符串的内容可以包含任何字符和数字，无论是英文字符还是中文字符均可以视为字符。简单地理解，字符串就是引号内的一切东西。字符串可以用单引号括起来，也可以用双引号括起来，这两者间没有本质上的区别，但是根据 PEP8 规范，建议采用单引号来表示字符串。

```
# 例一：
a = "hello"
b = 'hello'
print(a)
print(b)

# 例二：
c = 'hello"
print(c)
```

以下是样例输出：

```
# 例一输出：
hello
hello

# 例二输出：
SyntaxError: EOL while scanning string literal
```

由上面的例子我们可以看出，虽然单引号和双引号均可以用来定义字符串，但当我们令 c = 'hello" 时，引导字符串的前部用单引号，引导字符串的后部用双引号，就会引发一个语法错误。所以，由上述的例子可以了解到，引导字符串前后的引号必须相同，不能单引号与双引号混用。

但是如果我们的字符串的内容中需要出现单引号或双引号时该怎么办呢？我们可以先尝试用正常定义字符串的方法，来直接把它打出来，然后根据提示修改。

```
a = 'I'm LiHua'
print(a)
```

以下是样例输出：

```
SyntaxError: invalid syntax
```

运行上述例子后，Python 解释器向我们抛出了一个语法错误，看起来并不能使用正常打印字符串的方法来输出带有引号的字符串。让我们一起分析一下出现这种情况的原因。首先我们知道，Python 解释器会认为两个相同的引号之间的内容为一个字符串，而例子中 a = 'I'm LiHua' 中出现了三个单引号，这时，Python 解释器就会认为前两个单引号之间的内容为一个完整的字符串，而字符串后面还多出一部分内容，自然就会造成定义变量时的语法错误。

由此，有两种解决方案可以采纳。

1) 巧妙使用单双引号。我们知道，只有相同的两个引号之间的内容才会被认为是字符串，所以我们只要同时使用单引号和双引号，如果字符串中需要用到单引号，那字符串就用双引号包裹单引号；如果字符串中需要用到双引号，那么字符串就用单引号包裹。这样就可以避免因识别不出字符串的正确范围而产生的错误。

```
a = "I'm LiHua"
print(a)
```

以下是样例输出：

```
I'm LiHua
```

2) 使用转义操作符 (\)。在 Python 中，部分符号是有特殊含义的，就像例子中的引号会被识别出错，就是因为引号有作为字符串开始或结尾符号的特殊含义。要想避免被识别出错，只要让字符串中间的引号失去特殊的意义，只作为单纯的引号存在就可以了。而转义操作符 (\) 则可以帮助我们实现这个需求。它可以让在它后一位的引号失去作为字符串开头或结尾符号的特殊含义，而仅仅作为一个引号存在字符串中。

```
a = 'I\'m LiHua'
print(a)
```

以下是样例输出：

```
I'm LiHua
```

3.2.1.2 字符串的基本操作

(1) 获取字符串中的单个字符

我们知道，字符串可以理解成由一串字符组成的连续序列，而在 Python 中，是没有字符概念的。Python 中的字符就是长度为 1 的字符串。当我们需要获取字符串中的某个字符时，我们只需要用它的索引值就可以获取字符串中的相应字符。

```
a = "hello world"
print(a[0])
print(a[1])
print(a[5])
```

以下是样例输出：

```
'h'
'e'
' '
```

可以看到，当我们想要获取哪个字符时，我们只需要在字符串的名字后面加上中括号，在括号中填入它的索引值。需要注意的是，这个索引值是从 0 开始的，以此类推。如果需要获取第一个字符，那么它的索引值应该是 0。

(2) 字符串的拼接

有时我们会需要将多个字符串拼接到一起，组成一个字符串，这时我们就需要用到字符串的拼接。下面将列举几种字符串的拼接方法。

A. 加号 "+" 拼接

在字符串之间使用加号和在数字之间使用加号的效果是完全不同的。在两个数字之间使用，得到的结果是两个数字的和；而在两个字符串之间使用，得到的则是两个字符串按顺序拼接成的一个字符串。

```
print(666 + 666)
print('666' + '666')
```

以下是样例输出：

```
1332
666666
```

当两个字符串中间为加号时，Python 解释器会自动地将两个字符串进行拼接。当拼接文本量比较小的时候，推荐使用该拼接方法。

B. 直接拼接

在 Python 中，只需要把两个字符串放在一起，如果中间没有符号或者只有空格符号，那么这两个字符串就会自动被 Python 解释器合并成一个完整的字符串。

```
print('666''666')
print('666'    '666')
```

以下是样例输出：

```
666666
666666
```

该拼接方法并不是非常符合编程的通用习惯，会造成理解上的歧义，因此不推荐使用该拼接方法。

C. join() 函数拼接

join() 函数是以字符串作为分隔符，依次插入到括号内参数的每一个元素之间。

```
# 例一：
insert_string = ' '.join('Hello')
print(insert_string)
# 例二：
insert_string = '_'.join('Hello')
print(insert_string)
```

以下是样例输出：

```
H e l l o
H_e_l_l_o
```

join() 函数中的分隔符不仅包含上述的两种，其分隔符也包括符号、数字、字母，甚至是空白字符。

```python
insert_string = ','.join('Hello')
print(insert_string)
insert_string = ''.join('Hello')
print(insert_string)
```

以下是样例输出：

```
H,e,l,l,o
Hello
```

D. 通过字符串的格式化方法拼接

字符串的格式化方法会在后面进行专门讲解，在本节中先以例子形式呈现，以便让读者了解可以通过字符串格式化方式拼接字符串。

```python
format_string = '%s %s' % ('Hello', 'world')
print(format_string)
format_string = '%s, %s' % ('Hello', 'world')
print(format_string)

format_string = '{} {}'.format('Hello', 'world')
print(format_string)
format_string = '{}{}'.format('Hello', 'world')
print(format_string)

format_string = f'{"Hello"} {"world"}'
print(format_string)
format_string = f'{"Hello"}_{"world"}'
print(format_string)
```

以下是样例输出：

```
Hello world
Hello, world

Hello world
Helloworld

Hello world
Hello_world
```

E. 通过 () 多行拼接

Python 遇到未闭合的小括号时，会自动将多行拼接为一行。

```
joint_string = (
    'Hello'
    ' '
```

```
    'world'
)
print(joint_string)

joint_string = (
    'Hello'
    'world'
)
print(joint_string)
```

以下是样例输出:

```
Hello world
Helloworld
```

(3) 字符串的分割

通常来说字符串都是一个整体,但是有时只需要字符串中的一部分。在本节之前已经提到过,用索引值可以获取字符串中的单个字符,但是多个字符怎么获取呢?这时我们就需要用到字符串的分割。字符串的分割有两种方法:一种是分片法,另一种是采用 split() 函数。

A. 字符串的分片

```
a = 'hello world'

part_string = a[0: 5]
print(part_string)
part_string = a[1: 4]
print(part_string)
part_string = a[: 5]
print(part_string)
```

以下是样例输出:

```
hello
ell
hello
```

由上述例子可以看出,字符串的分片很简单,只需要用冒号隔开两个索引值,就可以得到这两个索引值之间的字符,冒号左边是开始位置,冒号右边是结束位置,而结果只包括开始位置的字符,不包括结束位置的字符。字符串的分片也可以简写,如果略去开始位置,就会默认从头开始,即开始位置为 0。

```
a = 'hello world'

part_string = a[: 5]
print(part_string)
```

```
part_string = a[: 7]
print(part_string)
```

以下是样例输出:

```
hello
hello w
```

如果在字符串的分片当中略去结束位置，则默认结束位置为字符串的最后一个字符。

```
a = 'hello world'
part_string = a[6:]
print(part_string)
part_string = a[5:]
print(part_string)
```

以下是样例输出:

```
world
 world
```

有的读者可能会有这样一个想法，如果把开始位置和结束位置都省掉会怎么样呢？我们不妨尝试一下:

```
a = 'hello world'
print(a[:])
```

以下是样例输出:

```
hello world
```

相信很多读者都已经猜到了，把开始位置省掉默认开始位置为 0，把结束位置省掉默认结束位置为最后一个字符。如果把开始位置与结束位置的索引都省掉的话就是从第一个字符到最后一个字符，也就是整个字符串。这种用法常见于字符串的复制当中，此时可以获得一个与原来相同文本的新字符串。

同时，在字符串的分片操作中，也支持"负索引"，也就是可以从字符串的末尾进行分片:

```
a = 'hello world'
print(a[-1])
print(a[-5: -3])
```

以下是样例输出:

```
d
wo
```

B. split() 函数

前面我们说过 join() 函数可以把多个字符串合并。那么 split() 函数的用法与 join() 函数正好相反，它可以将给定的符号作为分割符号，在字符串中找出相同的符号，并把符号两边的字符串分成两个字符串，存在一个列表中。如果字符串中不只存在一个分割符号，那么字符串将会在分割符号所在的位置被分割成多个字符串，并存在一个列表中。这里超前地提出了列表的概念，在此读者无需完全了解列表，仅需知道 split() 函数能够分割字符串即可，列表的概念将在第 5 章中详细介绍。

```
a = 'How are you'
split_result = a.split()
print(split_result)

split_result = a.split(' ')
print(split_result)
```

以下是样例输出：

```
['How', 'are', 'you']
['How', 'are', 'you']
```

由上述例子可以看到，当不给 split() 函数输入参数时，与输入空格" "作为分割符号得到的结果是一样的，所以 split() 默认的分割符号为空格。而且使用 split() 函数分割字符串时，得到的结果不包括分割符号，只有分割符号两侧的字符串。

```
a = 'How are you'
print(a.split(','))
```

以下是样例输出：

```
['How are you']
```

当所给分割符在原字符串中不存在时，原字符串将会作为整个元素存入列表中，也就是原字符串未经过分割。

```
a = 'How are you'
a.split('')
```

以下是样例输出：

```
ValueError: empty separator
```

虽然 split() 函数可以不输入参数，但是如果要输入参数的话，参数不能为空字符串，即输入的引号之间必须要有东西，否则 Python 解释器就会抛出错误。如果想用 split() 函数，就必须有分割符。但是如果原字符串本身就没有特定的分割符呢？例如，此时要把一个单词中的每个字母都作为一个独立的字符串分割出来，字母与字母之间没有任何字符，自然也就没有了分割符。那么此时 split() 函数就无法使用了。但是此时可以使用另一个函数，

list() 函数来实现——因为 list() 函数的主要操作对象不是字符串,所以在此只做简单举例,在第 5 章中会再做详细介绍。

```
a = 'How are you'
print(list(a))
```

以下是样例输出:

```
['H', 'o', 'w', ' ', 'a', 'r', 'e', ' ', 'y', 'o', 'u']
```

3.2.2 多行字符串

有时候字符串需要跨越很多行,如果我们还用建立普通字符串的方法,程序的可读性就会降低,因此我们需要采用多行文本的形式进行字符串的定义。

行数非常多的话,单行字符串肯定就不是最佳的选择,所以这时可以用另一种方法——三重引号字符串。

```
poetry = '''
门前大桥下
游过一群鸭
快来快来数一数
二四六七八
咕嘎咕嘎
真呀真多呀
数不清到底多少鸭
数不清到底多少鸭
赶鸭老爷爷
胡子白花花
唱呀唱着家乡戏
还会说笑话
小孩 小孩
快快上学校
别考个鸭蛋抱回家
别考个鸭蛋抱回家
'''

print(poetry)
```

以下是样例输出:

```
门前大桥下
游过一群鸭
快来快来数一数
二四六七八
咕嘎咕嘎
真呀真多呀
数不清到底多少鸭
```

```
数不清到底多少鸭
赶鸭老爷爷
胡子白花花
唱呀唱着家乡戏
还会说笑话
小孩  小孩
快快上学校
别考个鸭蛋抱回家
别考个鸭蛋抱回家
```

3.2.3 格式化字符串

什么是格式化字符串呢？格式化字符串就是按一定格式输出的字符串。

有时候我们需要的字符串是有一定规律的,如"大家好,我是××年级××班的×××。"这句话是一个模板,我们只需要填入特定的内容,这时我们就要用到字符串的格式化输出。

字符串的格式化输出有以下三种方法：格式化操作符%、format() 以及 f-String。

3.2.3.1 格式化操作符%

首先说明一下格式化操作符的操作形式。在 Python 3.5 版本以前,该方法较为流行,也是很多语言的通用方法,但是在 Python 版本不断迭代的过程中,该方法显得繁杂且累赘。在 Python 3.6 版本以后,都采用新的格式化方法——format() 函数与 f-String 方法。格式化操作符在特殊情况下才会被使用。因此笔者建议本节在有需要时再进行查阅。

符号	说明
%c	格式化字符及其 ASCII 码
%s	格式化字符串
%d	格式化整数
%o	格式化无符号八进制数
%x	格式化无符号十六进制数
%X	格式化无符号十六进制数 (大写)
%f	格式化浮点数字,可指定小数点后的精度
%e	用科学计数法格式化浮点数
%E	作用同%e,用科学计数法格式化浮点数
%g	根据值的大小决定使用%f 或%e
%G	作用同%g,根据值的大小决定使用%f 或者%E

格式化操作符的使用方法就是在对应的位置填入对应类型的格式化符号,然后在字符串后面依次加上对应的内容。

案例一：%c 的应用

```
print('%c' % 97)
print('%c%c%c%c%c' % (72, 101, 108, 108, 111))
```

以下是样例输出：

```
a
Hello
```

案例二：%d 和%s 的应用

```
print('我是%d级的%s' % (17, '王小明'))
```

以下是样例输出：

```
我是17级的王小明
```

案例三：%o 的应用

```
print('%d转化为八进制是：%o' % (666, 666))
```

以下是样例输出：

```
666转化为八进制是：1232
```

案例四：%x 和%X 的应用

```
print('%d转化为八进制是：%x 或 %X' % (666, 666, 666))
```

以下是样例输出：

```
666转化为八进制是：29a 或 29A
```

案例五：%f 的应用

```
print('%f是一个小数' % (6.66))
```

以下是样例输出：

```
6.660000是一个小数
```

案例六：%e 的应用

```
print('%f用科学计数法表示为：%e 或 %E' % (66600000,66600000,66600000))
```

以下是样例输出：

```
66600000.000000用科学计数法表示为：6.660000e+07或6.660000E+07
```

案例七：%g 和%G 的应用

```
print('%f可以表示为：%g 或 %G' %(66600000, 66600000, 66600000))
print('%f可以表示为：%g 或 %G' % (666, 666, 666))
print('%f可以表示为：%g 或 %G' % (0.0006,0 .0006, 0.0006))
```

第 3 章 Python 语言基础

以下是样例输出：

```
666000000.000000可以表示为：6.66e+07 或 6.66E+07
666.000000可以表示为：666 或 666
0.000600可以表示为：0.0006 或 0.0006
```

同时，Python 还提供了一些格式化操作符的辅助命令：

符号	说明
m.n	m 是显示的最小总宽度，n 是小数点后的位数
-	用于左对齐
+	在正数前面显示加号 (+)
#	在八进制数前面显示 '0o'，在十六进制数前面显示 '0x' 或 '0X'
0	显示的数字前面填充 '0' 取代空格

案例八：限制总宽度和小数位数

```
print('π的值为%4.2f' % 3.1415926)
print('%f用科学计数法表示为：%.2e' % (666666.666666))
```

以下是样例输出：

```
π的值为3.14
666666.000000用科学计数法表示为:6.67e+05
```

我们可以发现本案例中的%.2代表的是保留两位小数，但是此处保留两位采用的不是直接舍去法，而是四舍五入法。

案例九：左对齐

```
print('%9.2f没有左对齐时为：%9.2f' % (6.666, 6.666))
print('%9.2f左对齐后为：%-9.2f' % (6.666, 6.666))
```

以下是样例输出：

```
6.67没有左对齐时为：     6.67
6.67左对齐后为：6.67
```

案例十：在正数前加正号

```
print('%4.2f可以写为：%+4.2f' % (6.666, 6.666))
print('%4.2f可以写为：%+4.2f' % (-6.666, -6.666))
```

以下是样例输出：

```
6.67可以写为：+6.67
-6.67可以写为：-6.67
```

案例十一：标记八进制和十六进制

```
print('%d 转化为八进制为: %#o' % (666666, 666666))
print('%d 转化为十六进制为: %#x' % (666666, 666666))
```

以下是样例输出：

```
666666 转化为八进制为: 0o2426052
666666 转化为十六进制为: 0xa2c2a
```

案例十二：用 0 取代用于对齐的空格

```
print('%9.2f 可以表示为: %09.2f' % (6.666, 6.666))
```

以下是样例输出：

```
6.67 可以表示为000006.67
```

3.2.3.2 format()

format() 的使用方法一共有五种，以下将详细介绍这五种方法。

第一种是直接在字符串需要填入的地方加入大括号，然后在函数的括号中按顺序依次填入需要加入到字符串中的数据。这种方法一定要注意括号中的参数要按顺序填入，否则就会填入错误的信息，有时还会报错。

```
print('我是{}级的{}'.format(17, '王小明'))
```

以下是样例输出：

```
我是17级的王小明
```

第二种也是在需要填入的地方加入大括号，不同的是大括号中要填入位置参数，而函数括号中的参数也不是按顺序填入，而是按照与大括号中位置参数的对应关系填入。这种方法也一定要注意括号中参数的位置是否与大括号中的位置参数正确对应，否则也会填入错误的信息或者报错。

```
print('我是{1}级的{0}'.format('王小明', 17))
```

以下是样例输出：

```
我是17级的王小明
```

第三种是用索引的方法，在大括号中填入参数的名称，也就是关键字参数，然后在函数的括号中同时填入名称和名称对应的参数，并用等号连接。这种方法虽然看起来比前两种稍微复杂一点，但当需要填入的参数很多时，这种方法可以有效地减少因参数位置弄错而出现的错误。

```
print('我是{grade}级的{name}'.format(grade=17, name='王小明'))
```

以下是样例输出:

```
我是17级的王小明
```

当然也可以同时使用位置参数和关键字参数,但是位置参数一定要在关键字参数前面,否则就会报错。

```
print('我是{0}级的{name}'.format(17, name='王小明'))
print('我是{grade}级的{1}'.format(grade=17, '王小明'))
```

以下是样例输出:

```
我是17级的王小明
SyntaxError: positional argument follows keyword argument
```

第四种是通过对象属性的对应关系实现格式化。定义一个对象后,在大括号中填入对象的属性名,再在函数的括号中填入对象名,这样就能在对应的位置填入对应的属性的内容(关于对象的内容会在第7章进行讲解,这里只做简单了解,意在掌握format()函数的用法以及保证format()函数讲解的完整性)。

```
class Student:
    name = '王小明'
    grade = 17


student = Student()
print('我是{student.grade}级的{student.name}'.format(student = student))
```

以下是样例输出:

```
我是17级的王小明
```

第五种是通过元素的下标实现格式化。当需要填入的信息在一个列表中时,可以在大括号中填入列表所在的位置参数和需要填入的元素在列表中的下标,然后在函数的括号中填入需要的列表,就可以将列表中的元素填入对应的位置(关于列表的内容会在第5章进行讲解,这里只做简单了解,意在掌握format()函数的用法以及保证format()函数讲解的完整性)。

```
a = ['王小明', 17]
print('我是{0[1]}级的{0[0]}'.format(a))
```

以下是样例输出:

```
我是17级的王小明
```

format()函数的格式限定符:

符号	说明	样例
^	居中,加宽度	In: `'{:^10}'.format('hello')` Out: `'  hello   '`
<	左对齐,加宽度	In: `'{:<10}'.format('hello')` Out: `'hello     '`
>	右对齐,加宽度	In: `'{:>10}'.format('hello')` Out: `'     hello'`
:	后跟填充的字符,不指定时用空格填充	In: `'{:!^{}10}'.format('hello')` Out: `'!!hello!!!'`
,	使用逗号金额分割符	In: `'{:,}'.format(1234567890)` Out: `'1,234,567,890'`
b	二进制	In: `'{:d}转化为二进制为: {:b}'.format(100, 100)` Out: `'100转化为二进制为: 1100100'`
o	八进制	In: `'{:d}转化为八进制为: {:open_mouth:}'.format(100, 100)` Out: `'100转化为八进制为: 144'`
d	十进制	In: `'{:d}转化为十进制为: {:d}'.format(100, 100)` Out: `'100转化为十进制为: 100'`
x	十六进制	In: `'{:d}转化为十六进制为 {:x}'.format(100,100)` Out: `'100转化为十六进制为: 64'`
!s	将对象格式化转换成字符串	In: `'{!s}'.format(666)` Out: `'666'`
!a	将对象格式化转换成 ASCII	In: `'{!a}'.format('hello')` Out: `"'hello'"`
!r	将对象格式化转换成 repr	In: `'{!r}'.format('hello')` Out: `"'hello'"`

3.2.3.3 f-String

格式化字符串常量 (f-String, formatted string literals),是 Python 3.6 版本新引入的一种字符串格式化方法,该方法始于 PEP 498 -Literal String Interpolation 中的提案。提出 f-String 的主要目的是使格式化字符串的操作更加简便。

相信部分读者已经阅读了前面两种格式化字符串的方法,但是两种方法都相对 f-String 来说繁杂。因此,笔者推荐使用 f-String 的方案来完成字符串格式化,既可以增加程序的可读性,也可以减少代码的书写量。

f-String 在形式上是以字母 f 或字母 F 修饰符引领的字符串 (f '×××' 或 F '×××'),在字符串中以大括号 {} 标明被替换的字段;f-String 在本质上并不是字符串常量,而是一种在运行时运算求值的表达式。

在 Python 中,对 f-String 方法是这样阐述的:

```
While other string literals always have a constant value, formatted
    strings are really expressions evaluated at run time.
(与具有恒定值的其他字符串常量不同,格式化字符串实际上是运行时运算求值的表
达式。)
```

f-String 与传统的格式化字符%和 format() 函数相比,不仅在代码数量上占据绝对优势,同时格式化性能又优于格式化字符%和 format() 函数,且使用起来也更加简洁明了,因此笔者推荐在 Python 3.6+ 版本使用 f-Sting 方式完成字符串格式化。

那么接下来我们尝试使用 f-String 方式来格式化字符串。

```
name = '王大明'
grade = 2019
age = 18
print(f'我是{grade}级的{name},今年{age}岁了。')
```

以下是样例输出:

```
我是2019级的王大明,今年18岁了。
```

由上面的例子可以看出,使用 f-String 的情况下,可以减少代码书写量,并且使用 f-String 相当于把变量内嵌到字符串语句中,增加了代码的可读性。

使用 f-String 时,还可以在大括号中书写表达式以输出计算值。

```
# 例一:
print(f'A total number of {25 * 4 + 8}')

# 例二:
name = 'Li Y.'
print(f'My name is {name.lower()}')

# 例三:
import random
print(f'本次抽取的随机数为:{random.randint(0, 10)}')
```

以下是样例输出:

```
# 例一输出:
A total number of 108

# 例二输出:
My name is li y.

# 例三输出:
本次抽取的随机数为:6
```

那么部分读者可能就会好奇了，如果我需要在 f-String 的字符串中输入大括号，那么之中的内容岂不是被运算了吗？这样可能就会造成错误。其实，这个问题不必担心，用以下方法就可以正常使用大括号：

```
print(f'{{ 这里是大括号里面 }}')
```

以下是样例输出：

```
{ 这里是大括号里面 }
```

使用 f-String 同样可以进行对齐操作、补符号操作、指定宽度操作、补零操作、控制精度操作、千位分隔符操作等。

f-String 采用 {content: format} 的形式来设置字符串格式。其中 content 是用以填入需要格式化的字符串，可以是变量、表达式或函数等，format 是格式描述符。采用默认格式时不必指定 format 项，只需使用 {content} 即可。

1) 对齐操作 format 描述符：

格式描述符	含义与作用
<	左对齐显示 (字符串默认对齐方式)
>	右对齐显示 (数值默认对齐方式)
^	居中显示

2) 补符号操作 format 描述符：

格式描述符	含义与作用
+	在负数前加负号，正数前加正号
-	在负数前加负号，正数前不加任何符号
[空格]	在负数前加负号，正数前加一个空格

3) 指定宽度操作与控制精度操作相关格式描述符：

格式描述符	含义与作用
width	整数 width 指定宽度
0width	整数 width 指定宽度，在数字前方用 0 补足位数
width.precision	整数 width 指定宽度，整数 precision 表示显示精度

此点在使用时，以下内容需要特别注意：① 0width 不可用于复数类型和非数值类型，width.precision 不可用于整数类型。② width.precision 用于不同格式类型的浮点数、复数时的含义也不同，用于 f、F、e、E 和 % 时 precision 指定的是小数点后的位数，用于 g 和 G 时 precision 指定的是有效数字位数 (小数点前位数 + 小数点后位数)。③ width.precision 除浮点数、复数外还可用于字符串，此时 precision 含义是只使用字符串中前 precision 位字符。

4) 千位分隔符相关格式描述符：

格式描述符	含义与作用
,	使用, 作为千位分隔符
_	使用 _ 作为千位分隔符

以下为 f-String 操作中 format 位填写示例：

```
# 例一：
a = 8888
# 用0填充字符串a, 采用右对齐方式, 填充后长度8位
print(f'{a:0>8}')
# 例二：
a = 8888
# 居中显示字符串, 显示宽度10位, 显示为大写字母十六进制整数,
# 并显示十六进制的0X前缀
print(f'{a:^#10X}')

# 例三：
a = 8888.8888
# 左对齐显示字符串, 显示宽度10位, 并且为正数时显示正号, 保留3位小数
print(f'{a:<+10.3f}')

# 例四：
a = 888888888
# 字符串左侧补零, 显示宽度15位, 显示为十进制整数, 使用逗号作为千分分隔符
print(f'{a:015,d}')

# 例五：
a = 1.2 + 2.3j
# 字符串显示宽度30位, 采用科学计数法显示, 保留5位小数
print(f'{a:30.5e}')
```

以下是样例输出：

```
# 例一输出：
00008888

# 例二输出：
0X22B8

# 例三输出：
+8888.889

# 例四输出：
000,888,888,888
```

```
# 例五输出：
1.20000e+00+2.30000e+00j
```

3.2.4 转义字符串

在 Python 中有一类特殊的字符组合，它们在组合的时候会有另一种效果，平时书写时应当尽量避免此类组合。但是，在需要用它们做特殊事件的时候，会使用到。

格式描述符	含义与作用
\ (在行尾时)	续行符
\\	反斜杠符号
\'	单引号
\"	双引号
\a	响铃
\b	退格 (Backspace)
\e	转义
\000	空
\n	换行
\v	纵向制表符
\t	横向制表符
\r	回车
\f	换页
\oyy	八进制数，yy 代表的字符，如 \o12 代表换行
\xyy	十六进制数，yy 代表的字符，如 \x0a 代表换行
\other	其他的字符以普通格式输出

以下是转义字符串的示例：

```
# 例一：
s = 'Hello\nGood\nMorning'
print(s)

# 例二：
header = '商品名称\t\t单价\t\t数量\t\t总价'
content_1 = 'Python基础\t88\t\t1\t\t88'
print(header)
print(content_1)
```

以下是样例输出：

```
# 例一输出：
Hello
Good
Morning

# 例二输出：
商品名称        单价    数量    总价
Python基础      88      1       88
```

3.2.5 内建方法

方法	含义与作用	样例
capitalize()	把字符串的第一个字符改为大写	In 1: a = 'hello world' In 2: a.capitalize() Out: 'Hello World'
casefold()	把整个字符串的所有字符改为小写	In 1: a = 'hello world' In 2: a.casefold() Out: 'hello world'
center(width)	将字符串居中,并使用空格填充至长度为 width 的新字符串	In 1: a = 'hello' In 2: a.center(10) Out: ' hello '
count(sub[, start[, end]])	返回 sub 在字符串里边出现的次数 (start 和 end 参数表示范围,可选)	In 1: a = 'hello' In 2: a.count("l") Out: 2
encode(encoding='utf-8', errors='strict')	以 encoding 指定的编码格式对字符串进行编码	In 1: a = 'hello' In 2: a.encode() Out: b'hello'
endswith(sub[, start[, end]])	检查字符串是否以 sub 子字符串结束,如果是返回 True,否则返回 False(start 和 end 参数表示范围,可选)	In 1: a = 'hello' In 2: a.endswith("o") Out 1: True In 3: a.endswith("llo") Out 2: True In 4: a.endswith("l") Out 3: Flase
expandtabs([tabsize=8])	把字符串中的 tab 符号转换为空格,如不指定参数,默认的空格数是 8	In 1: a = '666\t666' In 2: a.expandtabs(1) Out: '666 666'
find(sub[, start[, end]])	检测 sub 是否包含在字符串中,如果包含则返回索引值,否则返回 −1 (start 和 end 参数表示范围)	In 1: a = 'hello world' In 2: a.find('l') Out 1: 2 In 3: a.find('l', 6, 10) Out 2: 9 In 4: a.find('a') Out 3: -1
index(sub[, start[, end]])	与 find 方法一样,不过如果 sub 不在 string 中会产生一个异常	In 1: a = 'hello world' In 2: a.index('o') Out 1: 4 In 3: a.index('a') Out 2: ValueError
isalnum()	如果字符串至少有一个字符并且所有字符都是字母或数字则返回 True,否则返回 False	In 1: a = 'hello world' In 2: b = 'helloworld' In 3: a.isalnum() Out 1: True In 4: b.isalnum() Out 2: False

续表

方法	含义与作用	样例
isalpha()	如果字符串至少有一个字符并且所有字符都是字母则返回 True，否则返回 False	In 1: a = 'hello' In 2: b = 'hello123' In 3: a.isalpha() Out 1: True In 4: b.isalpha() Out 2: False
isdecimal()	如果字符串只包含十进制数字则返回 True，否则返回 False	In 1: a = '123' In 2: b = 'a123' In 3: a.isdecimal() Out 1: True In 4: b.isdecimal() Out 2: False
isdigit()	如果字符串只包含数字则返回 True，否则返回 False	In 1: a = '123' In 2: b = 'a123' In 3: a.isdigit() Out 1: True In 4: b.isdigit() Out 2: False
islower()	如果字符串至少包含一个区分大小写的字符，并且这些字符都是小写则返回 True，否则返回 False	In 1: a = 'hello' In 2: b = 'Hello' In 3: a.islower() Out 1: True In 4: b.islower() Out 2: False
isnumeric()	如果字符串只包含数字字符则返回 True，否则返回 False	In 1: a = '123' In 2: b = '123a' In 3: a.isnumeric() Out 1: True In 4: b.isnumeric() Out 2: False
isspace()	如果字符串只包含空格则返回 True，否则返回 False	In 1: a = ' ' In 2: b = ' 1 ' In 3: a.isspace() Out 1: True In 4: b.isspace() Out 2: False
istitle()	如果字符串是标题化 (所有的单词都是以大写开始，其余字母均小写) 则返回 True，否则返回 False	In 1: a = 'Are You' In 2: b = 'are You' In 3: a.istitle() Out 1: True In 4: b.istitle() Out 2: False
isupper()	如果字符串至少包含一个区分大小写的字符，并且这些字符都是大写则返回 True，否则返回 False	In 1: a = 'HELLO' In 2: b = 'Hello' In 3: a.isupper() Out 1: True In 4: b.isupper() Out 2: False

续表

方法	含义与作用	样例
join(sub)	以字符串作为分隔符，插入到 sub 中所有的字符之间	In 1: ','.join('Hello') Out: 'H,e,l,l,o'
ljust(width)	返回一个左对齐的字符串，并使用空格填充至长度为 width 的新字符串	In 1: a = 'hello' In 2: a.ljust(10) Out: 'hello '
lower()	转换字符串中所有大写字符为小写	In 1: a = 'Hello' In 2: a.lower() Out: 'hello'
lstrip()	去掉字符串左边的所有空格	In 1: a = ' Hello' In 2: a.lstrip() Out: 'Hello'
partition(sub)	找到子字符串 sub，把字符串分成一个三元组 (pre_sub、sub、fol_sub)，如果字符串中不包含 sub 则返回 ('原字符串', '', '')	In 1: a = 'hoaou' In 2: a.partition('a') Out: ('ho', 'a', 'ou')
replace(old, new[, count])	把字符串中的 old 子字符串替换成 new 子字符串，如果 count 指定，则替换不超过 count 次	In 1: a = '66886868' In 2: a.replace('8', '&') Out: '66&&6&6&'
rfind(sub[, start[, end]])	类似于 find() 方法，且从右边开始查找	In 1: a = 'hello' In 2: a.rfind('l') Out 1: 3 In 3: a.rfind('a') Out 2: -1
rindex(sub[, start[, end]])	类似于 index() 方法，且从右边开始索引	In 1: a = 'hello' In 2: a.rindex('l') Out 1: 3 In 3: a.rindex('a') Out 2: ValueError1
rjust(width)	返回一个右对齐的字符串，并使用空格填充至长度为 width 的新字符串	In 1: a = 'hello' In 2: a.rjust(10) Out: ' hello'
rpartition(sub)	类似于 partition() 方法，且从右边开始查找	In 1: a = 'hlo' In 2: a.rpartition('l') Out: ('h', 'l', 'o')
rstrip()	删除字符串末尾的空格	In 1: a = 'hello ' In 2: a.rstrip() Out: 'hello'
split(sep=None, maxsplit=-1)	不带参数默认是以空格为分割符切片字符串，如果 maxsplit 参数有设置，则仅分割 maxsplit 个子字符串，返回切片后的字符串	In 1: a = 'H a y' In 2: a.split() Out: ['H', 'a', 'y']
splitlines([keepends])	在输出结果里是否去掉换行符，默认为 False，不包含换行符；如果为 True，则保留换行符	In 1: a = 'h\nw' In 2: a.splitlines() Out 1: ['h', 'w'] In 3: a.splitlines(True) Out 2: ['h\n', 'w']

续表

方法	含义与作用	样例
startswith(prefix[, start[, end]])	检查字符串是否以 prefix 开头，是则返回 True，否则返回 False (start 和 end 参数指定范围检查)	In 1: a = 'hello' In 2: a.startswith('he') Out 1: True In 3: a.startswith('e') Out 2: False
strip([chars])	删除字符串前边和后边所有的空格，chars 参数可以定制删除的字符	In 1: a = ' hello ' In 2: a.strip() Out: 'hello'
swapcase()	翻转字符串中的大小写	In 1: a = 'Hello' In 2: a.swapcase() Out: 'hELLO'
title()	返回标题化 (所有的单词都是以大写开始，其余字母小写的字符串)	In 1: a = 'how are you' In 2: a.title() Out: 'How Are You'
translate(table)	根据 table 的规则转换字符串中的字符	In 1: a = 'hello' In 2: b = '12345' In 3: c = 'hello world' In 4: x = ''.maketrans(a, b) In 5: c.translate(x) Out: '12445 w5r4d'
upper()	转换字符串中的所有小写字符为大写	In 1: a = 'Hello' In 2: a.upper() Out: 'HELLO'
zfill(width)	返回长度为 width 的字符串，原字符串右对齐，前边用 0 填充	In 1: a = 'hello' In 2: a.zfill(10) Out: '00000hello'

3.3 简单数据结构

本章之前提到过，Python 在定义变量的时候是可以不声明其类型的，但这并不代表 Python 没有数据类型。其实 Python 和其他语言一样，也有许多重要的数据类型，之前我们已经讲解过字符串，接下来我们将讲解其他的一些简单的数据类型，如整型、浮点型和布尔型。

3.3.1 整型

整型就是我们通常说的整数，包含正整数和负整数，在 Python 中整型数据的长度不受限制。如果一定要指定一个界限，其长度就是只限于计算机的虚拟内存总数，所以用 Python 可以十分容易地进行大数运算。

```
a = 888
print(a)
```

以下是样例输出：

```
888
```

这在其他语言中是很难实现的，因此使用 Python 可以很容易地进行大数下的科学计算，这便是使用 Python 的原因之一。

3.3.2 浮点型

浮点型数据就是通常所说的小数，在 Python 中浮点型和整型唯一的区别就是有无小数点。

浮点型有两种表示方法，一种是一般的小数形式，另一种是 e 记法，也就是我们平时所说的科学计数法。e 记法不仅能表示浮点型，也能表示整型。当需要表示的数特别大或者特别小时，e 记法能使我们的表述更加简洁。例如，当我们要表示 1 000 000 时，我们可以用 1e6，同理 0.000 001 可以表示为 1e-6。

上面说到整型数据的长度不受限制，但浮点型却不同，浮点数在计算机上是以双精度 (64 bit) 形式存储的，提供大约 17 位有效数字。所以我们在使用浮点型数据时，要格外注意精度问题。

```
a = .005
print(a)

a = 1234567890.123456
print(a)

a = 1234567890.123456789
print(a)
```

以下是样例输出：

```
0.005
1234567890.123456
1234567890.1234567
```

3.3.3 布尔型

布尔型简单地描述就是"真"或"假"，因此布尔型只有两种值，True 和 False。但实际上，布尔型也是一种特殊的整型，True 相当于整型的 1，False 相当于整型的 0。布尔型通常被用来判断某个条件是否成立。

```
print(5 > 4)

print(5 < 4)
```

以下是样例输出：

```
True
False
```

布尔型可以被看成特殊的整型,所以它也能做一些基本的运算。

```
print(True + True)

print(True + False)

print(True * False)

print(True * 5)

print(False / True)

print(True / False)
```

以下是样例输出:

```
2
1
0
5
0.0
ZeroDivisionError: division by zero
```

样例 print(True / False) 报错是因为 False 相当于整数 0,但是 0 不能做除数,因此解释器抛出了 ZeroDivisionError。

虽然布尔型可以做基础的运算,但是这种做法显然是不妥的,布尔型的用途主要还是判断,因此应该尽量避免使用布尔型的数值进行计算。

3.3.4 类型转换

有时我们得到简单的一个类型的数据,但目标需要的却是另一个类型的,这时就需要转换数据的类型。数据类型转换最常用到的三个函数是:int()、float()、str()。

(1) 将数据转换成整数,用 int()

```
print(int(10.6))

print(int("10"))

print(int("10.6"))
```

以下是样例输出:

```
10
10
ValueError: invalid literal for int() with base 10: '10.6'
```

由上述案例可以看出,当用 int() 转换浮点型数据时,采取的是"去尾法",即直接去掉小数点后面的数字,而不是四舍五入,所以用 int() 转换浮点数时,会对精度造成一定的影响。而用 int() 转换字符串时，字符串只能为整数，即 int() 只能转换由纯数字组成的字符串，所以当转换内容为小数的字符串时就会报错。

那么如果需要将内容为小数的字符串转化为数字应该使用什么函数呢？这时我们就需要用到下一个函数 float()。

(2) 将数据转换成小数，用 float()

```
print(float(10))
print(float("10.6"))
print(float("10"))
```

以下是样例输出：

```
10.0
10.6
10.0
```

当我们需要把一个为小数的字符串转换为整数时，我们只需要先用 float()，把数据转化成小数，再用 int() 把转化得到的小数再转化成整数就可以了。

```
a = float("10.6")
print(int(a))
```

以下是样例输出：

```
10
```

(3) 将数据转换成字符串，用 str()

```
print(str(10.6))
print(str(1e6))
```

以下是样例输出：

```
10.6
1000000.0
```

当我们将科学计数法格式的数字转换成字符串时，Python 解释器会自动把科学计数法转换成浮点数的形式，再转换成字符串。

3.3.5 获得关于类型的信息

有时我们需要确定一个数据的类型，有两个函数可供我们选择，type() 和 isinstance()。

1) type() 函数可以根据我们输入的数据返回对应的数据类型。

```
print(type(10))

print(type(10.0))

print(type(1e1))

print(type('10'))

print(type(True))
```

以下是样例输出:

```
<class 'int'>
<class 'float'>
<class 'float'>
<class 'str'>
<class 'bool'>
```

2) isinstance() 有两个参数,第一个是待确定类型的数据,第二个是待判断类型的数据,最后会根据这两个参数返回一个布尔型的值,True 表示类型一致,False 则表示类型不一致。isinstance() 的第二个参数可以赋予多个类型,只要有一个类型满足则返回 True。

```
print(isinstance(10, int))

print(isinstance(10.0, str))

print(isinstance(True, bool))

print(isinstance(10, (bool, float)))
```

以下是样例输出:

```
True
False
True
True
```

3.4 常用操作符

3.4.1 算术操作符

操作符	含义与作用
+	两个对象相加
−	得到负数或是一个数减去另一个数
*	两个数相乘或是返回一个被重复若干次的字符串

续表

操作符	含义与作用
/	x 除以 y
%	返回除法的余数
**	返回 x 的 y 次幂
//	返回商的整数部分

以下是操作实例：

```
print(23 + 5)

print(23 - 5)

print(23 * 5)

print(23 / 5)

print(23 % 5)

print(23 ** 5)

print(23 // 5)
```

以下是样例输出：

```
28
18
115
4.6
3
6436343
4
```

此时，部分读者可能会有疑问——在之前的字符串拼接时，也是采用加号把两个字符串拼接起来，那么加号什么时候是拼接，什么时候是加法呢？根据我们之前的例子就可以看出，当加号两边的数据类型都为字符串时，就是拼接字符串；当加号两边都为数字时，就是加法计算。那么，如果一边是字符串，一边是数字会怎样呢？这样的情况是不允许出现的，如果不小心书写错误，Python 解释器就会为我们抛出错误。

```
print('666' + '666')

print(666 + 666)

print('666' + 666)
```

以下是样例输出：

```
666666
1332
TypeError: can only concatenate str (not "int") to str
```

在 Python 中，求商符号"/"得出来的结果只能是浮点数，即使符号前后都为整数，得到的结果也是整数，被返回的值还是会以浮点数的形式呈现。

```
print(25 / 5)

print(23 / 5)

print(0 / 1)
```

以下是样例输出：

```
5.0
4.6
0.0
```

取整符号 (//) 则与除号 (/) 不同，它不但得到的结果只是商的整数部分，而且不同于求商符号，不论前后的数据类型是不是整数，得到的结果都是浮点数，如果取整符号前后都为整型，得到的结果也为整型，如果前后有浮点型，得到的结果就为浮点型。

```
print(25 // 5)

print(25 // 5.0)

print(20 // 25)

print(20.0 // 25.0)
```

以下是样例输出：

```
5
5.0
0
0.0
```

但进行算术运算时，还有一些方法可以使我们的代码做一些简化。

1) 当我们要给多个变量赋同一个值时，把每个变量都单独赋值会特别麻烦，这时我们就可以采用连等的方法。

```
a = b = c = d = 100
print(a, b, c, d)
```

以下是样例输出：

```
100 100 100 100
```

2) 自加 (+=)，当需要在某个变量之上加一个值，如 $a = a+1$ 时，可以采用自加的方法。后续的自减、自乘、自除类似。

```
a = 100
a = a + 1
print(a)

a += 1
print(a)

a += 10
print(a)
```

以下是样例输出：

```
101
102
112
```

3) 自减 (-=)。

```
a = 100
print(a)

a = a - 1
print(a)

a -= 10
print(a)
```

以下是样例输出：

```
100
99
89
```

4) 自乘 (*=)。

```
a = 100
print(a)

a = a * 2
print(a)

a *= 3
print(a)
```

以下是样例输出：

```
100
200
600
```

5) 自除 (/=)。

```
a = 100
print(a)

a = a / 2
print(a)

a /= 5
print(a)
```

以下是样例输出：

```
100
50.0
10.0
```

在 PEP8 中，对于操作符的书写有如下建议：在操作符两端应当各给予一个空格以保证代码规整。因此，笔者建议在操作符的书写上，使用 PEP8 代码风格。

3.4.2 优先级问题

Python 中的算数优先级与数学中的优先级是一致的，从左到右，先乘除后加减，先算括号里的再算括号外的。

```
print(1 + 3 * 2)

print(1 + 3 * (3 - 1))

print(1 + 3 * (3 - 1) - 2**3)
```

以下是样例输出：

```
7
7
-1
```

需要注意的是幂运算操作符 **，它比左侧的一元操作符的优先级高，比右侧的一元操作符的优先级低。

```
print(-2 ** 3)

print(2 ** -3)
```

以下是样例输出：

```
-8
0.125
```

从整体的操作符的优先级来说，有如下规则：算术操作符 > 比较操作符 > 逻辑操作符。

3.4.3 比较操作符

操作符	含义与作用
<	小于
>	大于
⩽	小于等于
⩾	大于等于
==	等于
!=	不等于

比较操作符根据表达式的值的真假返回布尔型的值，而后布尔型的值又可作为条件判断语句的输入。

```
a = 5
b = 4

print(a < b)

print(a > b)

print(a <= b)

print(a >= b)

print(a == b)

print(a != b)
```

以下是样例输出：

```
False
True
False
True
False
True
```

3.4.4 逻辑操作符

操作符	含义与作用
not	取与操作数相反的布尔型的值
and	若两边都为真，则结果为真；若两边有任意一边为假或两边都为假，则结果为假 (交集)
or	若两边都为假，则结果为假；若两边有任意一边为真或两边都为真，则结果为真 (并集)

```
print(not True)

print(not 0)

print(not 1)

print(not 2)

print(True or False)

print(True or True)

print(False or False)

print(True and False)

print(True and True)

print(False and False)
```

以下是样例输出:

```
False
True
False
False
True
True
False
False
True
False
```

3.4.5 None

在 Python 中，None 是一个特殊的常量。它既不是空字符串，也不是布尔型 False；既不是 0，也不是 −1。总而言之，None 就是不存在。None 和任何其他的数据类型比较，永远返回 False。None 有自己的数据类型 NoneType。在程序中 None 可以赋值给任何变量，但是无法从其他地方创建 NoneType 对象。

```
print(None)

print(type(None))

a = None
print(a is None)
```

以下是样例输出：

```
None
<class 'NoneType'>
True
```

值得注意的是，在判断一个对象是否为 None 时，应当采用 is 语句而非 == 语句，这样能有效地避免程序中的逻辑错误。

3.5 小 结

经过对本章内容的学习，相信大家对 Python 语言也有了更深一步的了解。其实本章的内容总体来说就是围绕变量引出的各种数据类型及其特点和我们可以对它们做的一系列操作展开。这部分内容说简单也简单，说难也难。说它简单是因为这部分内容没有特别深奥、难以理解的东西，整体比较浅显易懂，基本都可以通过简单的例子对需要掌握的内容有一个较为清楚的理解。但是这部分内容又是我们学习 Python 语言的重中之重，可以说之后的每一部分内容的学习都会对本章的内容有一定程度的涉及，这就要求我们一定要理解透彻并且能够熟练应用，这也是为什么说这部分内容难的原因。下面也会向大家说明本章内容的具体掌握要求。

在变量部分，我们首先需要掌握的是变量的定义，只有先知道什么是变量，才能有后面的对变量的一系列操作。尤其需要知道的是 Python 中要定义一个变量，不需要提前声明变量的类型，当我们给变量第一次赋值时，其实就是定义了一个变量。这对于有其他语言基础的读者可能一时间难以适应，但是用习惯了之后，就会发现这个特点的便利之处。除了变量的赋值之外，我们还需要牢记的就是变量名的命名规则，一定要避免因变量名不规范而引起的错误。

字符串其实也是一种基础的数据类型，之所以把它单独列举出来，而不是与后面的数据类型一起讲解，相信大家也看出来为什么了：字符串的操作方法比其他类型的数据更加多样化，也更加复杂。这其中的重中之重自然就是字符串的格式化输出，这部分不但是重点，更是难点，不论是格式化操作符、format() 函数，还是格式化字符串常量 f-String，都需要我们理解并且能熟练地应用。还有字符串的内置函数，虽然很多，但是我们也要对它们的使用有一个基础的了解，对于其中的一些常用的函数，如 join()、split()、index()、find()、replace() 等，我们更是要熟练掌握它们的使用方法。除此之外，这部分的字符串的分片和拼接自然也是我们学习的重点，但是这部分的内容比较简单，大家只需要通过简单的学习就能够掌握。

虽然我们在学习中为了便于大家的理解，把简单的数据类型和后面的常用操作符分开讲解，但是在实际应用中，这两者通常是一起使用的。各种类型的数据是操作符的使用对象，而操作符则是处理各种数据的最基本方法。对于我们已经学习过的各种数据类型，我们要掌握各个类型之间的区别和每种类型数据的常用处理方法。常用操作符中，算术操作符和比较操作符都是我们在以前的数学学习中的"老朋友"了，在计算机语言的学习中，虽然与数学有一定的区别，但大家要熟练地掌握它们也并不难。逻辑操作符虽然简单，但是我们一定要牢记它们的意义和使用方法，因为在第 4 章的分支和循环中，逻辑操作符扮演着一个至关重要的角色。

这些就是对本章各内容掌握的具体要求，也希望通过对本章内容的学习，能使读者们在后面章节的学习中更加顺利。

习　题

1. 请将列表 a 中的各元素拼接成一句完整的话，并在每个元素之间加上空格。其中

```
a = ['I', 'am', 'Iron Man']
```

2. 将字符串 $a=$'Civil Aviation Flight University of China' 中的第 0、6、15、22、36 个字符提取出来，并按顺序组成一个新的字符串。

3. 将字符串 $a=$ 'I love CAFUC' 以空格为分隔符，分割成三个单词，并存入一个列表中。

4. 尝试输出一首歌的歌词，并让每句歌词为单独的一行。

5. 以 '666 转化为八进制是: 1232' 为例，用同样的格式输出 666666 转化为八进制和十六进制的结果，并分别用 #o 和 #x 标记八进制和十六进制。

6. 请将以下表格里的内容填入自我介绍"大家好，我是 {年级} 级的学生 {姓名}，我来自 {省份}"中，并输出四个人的自我介绍。

姓名	年级	省份
赵一	17	河南
钱二	19	云南
孙三	16	内蒙古
李四	18	天津

7. 设计一个程序，能够判断输入的字符串，是否在 'qwertyuiopasdfghjklzx' 中出现，若出现，输出位置参数，若不出现，输出 −1。

8. 设计一个程序，判断输入的字符串是否是标题化的，如果是，输出 True，如果不是，输出标题化后的字符串。

9. 将 'heaao woead' 中的 'a' 都替换成 'l'。

10. 将字符串 $a=$ '12345.6789' 转化成整数 (舍去法)，并输出转化后的值。

11. 设计一个程序，当我们输入一个变量时，它能输出这个变量的类型。
12. 已知地球的半径为 6371km，请设计一个程序，计算地球的表面积和体积。
13. 什么时候取整除得到的结果是整数？
14. 为什么说 Python 可以很容易地进行大数计算？
15. 在 Python 中，输入以下代码：

```
a = 0
b = a
a = 1
```

不运行上述代码，猜测 b 的值为多少？

第 4 章 深入 Python 流程控制

程序中有一共只有三种程序结构，即顺序结构、选择结构和循环结构。虽然仅仅有三种结构，但是就是这简单的三种结构，可以让程序有多种多样的组合。我们也就可以借助这三种结构，完成我们需要完成的任务。

以下是三种结构的简单说明，读者可以先行体会三种结构分别是怎么样的，再带着这样的感受去开启接下来的学习。

1) 顺序结构：按照语句出现的先后顺序依次执行。
2) 选择结构：根据条件判断是否执行相关语句。
3) 循序结构：当条件成立时，重复执行某些语句。

4.1 顺序结构

顺序结构其实就是根据语句的先后出现顺序执行的，在 Python 中体现为，统一缩进层级的代码会从上到下执行，用流程图体现如下：

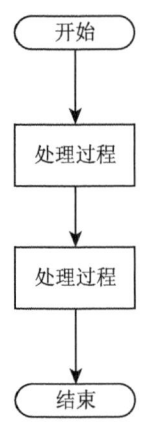

顺序结构是程序中最基础的结构之一，因为我们做事情时都是根据流程先后顺序完成的，所以顺序结构应该是最好理解的结构，接下来我们使用几个例子让大家加深一下对顺序结构的理解。

4.1.1 案例一：求任意两个整数和

程序将两次接收用户的输入 (输入数字必为整数)，分别将两次获得的输入存于变量 a、b 中，最后再输出两数之和。

以下是样例输入输出：

第 4 章 深入 Python 流程控制

```
请输入第一个整数：8
请输入第二个整数：9
两个整数之和为：17
```

以下是流程图说明：

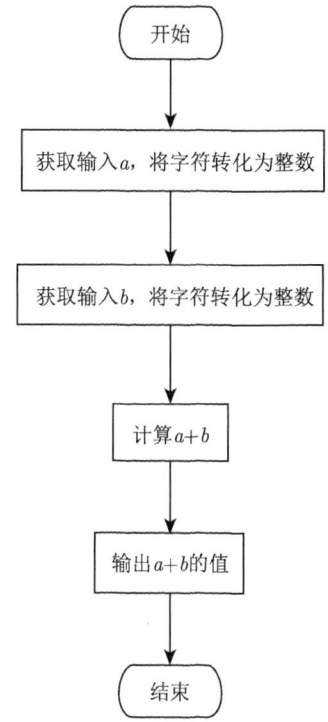

根据上述流程图整理出的思路，我们可以获取这个案例的第一版程序。

以下是样例程序：

```
a = input('请输入第一个整数：')
b = input('请输入第二个整数：')
a = int(a)
b = int(b)
c = a + b
c = str(c)
print('两个整数之和为：' + c)
```

笔者简单地讲解一下上述程序，程序中 a、b 为用户输入的两个整型数字，但是由于是控制台输入，需要将它们转化为 int 类型的数字，同样交给 a、b。之后 c 储存着 a 与 b 相加的值。但是为何又多一句 $c=str(c)$ 呢？这是因为之后输出的控制台的内容全部都是文本形式，要与"两个整数之和为："这样一个字符串相互拼接，所以要将 c 转化为字符串类型，最后用 print() 输出。

"Python 之禅"里提出了 Python 代码在书写时要简单,但是上述程序多了一些不必要的变量,而且有些操作是可以合并的。因此我们需要简化一下上述程序,简化后的程序如下:

```
a = int(input('请输入第一个整数: '))
b = int(input('请输入第二个整数: '))
print('两个整数之和为: ' + str(a + b))
```

4.1.2 案例二:随机抽取字母

程序将接受一个 1(含)~26(含) 的整型数字,根据这个整型数字,输出对应的英文字母大写。1 对应 A,2 对应 B,3 对应 C,以此类推。值得注意的是,A 的 ASCII 码值为 65。

以下是样例输入输出:

```
请输入一个1(含) ~ 26(含)的整型数字: 2
对应的字母是: B
```

以下是流程图说明:

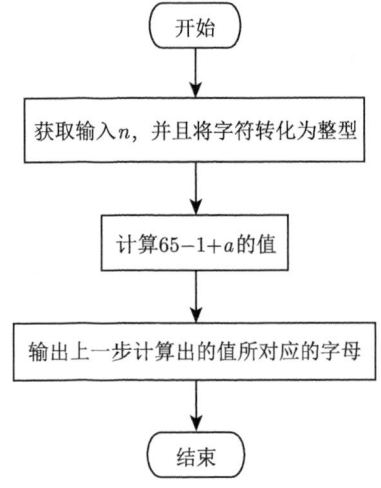

在上述流程图的指导下,我们可以写出以下程序:

```
a = int(input('请输入一个整数: '))
print(chr(64 + a))
```

笔者还是要说明一下这个程序。在这个程序中,相信读者已经非常熟悉 input() 和 int() 函数,包括变量 a 的值也能想象到。紧接着的 chr() 函数是一个 BIF,它的作用在之前就已经提到过,是将 ASCII 码值转化为对应的符号。由此即可得到相应的解答程序。

4.2 选择结构

选择结构实质上就是根据条件判断是否执行相关语句,这样的选择结构可以出现在顺序结构当中,而且选择结构之中还可以有选择结构,我们把选择结构中出现选择结构称为嵌套的选择结构。读者可以用流程图来理解选择结构的思路。

选择结构是程序中最基础的结构之一，因为有了选择结构，我们在程序执行的过程中有了更多的选择，可以根据变量或者其他一些情况来判断我们的程序应该执行哪一个语句块。

Python 用于选择结构的关键词是 if、elif、else。

4.2.1 只需要判断一种的情况

当程序中需要用到选择结构并且只需要判断一种情况时，则语句遵循以下格式：

```
...
if <条件>:
    ...
...
```

这种情况又叫单分支结构，语句块起始于 if，后跟一个布尔值，若条件为真，那么执行 if 下的语句块，否则将直接跳过这个语句块，继续顺序执行接下来的内容。需要注意的是，条件后需要紧跟冒号 (:)，以表示语句块的开始，下一行开始，需要在行首空四个空格。当完成 if 语句块中内容书写后，下一行开始则需顶格书写。

4.2.2 仅有两种情况可以选择

当程序中需要用到选择结构并且仅有两种可以选择的情况时，则语句遵循以下格式：

```
...
if <条件>:
    ...
else:
    ...
...
```

这种情况又叫二分支结构，用通俗的语言说明为"不是……就是……"的意思，程序运行到此处时，要么选择 if 语句块中的内容运行，要么选择 else 语句块中的内容运行，这时就取决于 if 后跟随的条件是否为真。如果为真则运行 if 下的内容，如果为假则运行 else 下的内容。

4.2.3 多种可以选择的情况

当程序中需要用到选择结构并且有多种可以选择的情况时，则语句遵循以下格式：

```
...
if <条件1>:
    ...
elif <条件2>:
    ...
elif <条件3>:
    ...
else:
    ...
...
```

这种情况又叫多分支结构，用通俗的语言说明就类似于在岔路口做选择，主要取决于你需要前往哪个方向。Python 解释器将从上到下检测 if 或者 elif 后的语句块，若满足条件则执行满足条件的那个语句块下的内容，但值得注意的是，不是只要满足条件就会执行，程序只会执行满足条件的第一个语句块下的语句，并且当所有条件均不满足时，如果存在 else，程序会执行 else 语句块中的语句。

接下来我们就用几个案例来看一下 Python 中的选择结构。

(1) 案例一：判断一个数字是否大于 10

程序将接收用户的输入 (输入必定为数字)，判断用户输入的数字是否大于 10，若输入的数字大于 10，则输入"您输入的数字大于 10"。

以下是样例输入输出：

```
请输入一个数字: 8.1

---

请输入一个数字: 12
您输入的数字是 12 大于10
```

以下是流程图说明：

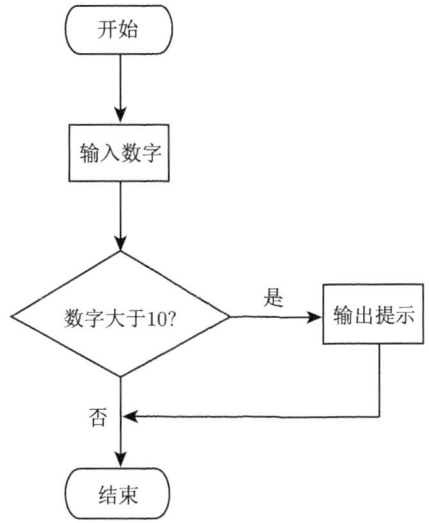

根据流程图我们可以发现，这道题通过一个简单的单分支结构就可以解决，在上述流程图的指导下，我们可以写出如下程序：

```
a = eval(input('请输入一个数字: '))
if a > 10:
    print('您输入的数字是 {number} 大于10'.format(number=a))
```

程序中，先用了一个 BIF ——eval() 来将输入的字符串转化为数字，而后判断输入是否大于 10。输出时使用了格式化字符串来格式化字符，以让 number 的位置与输入一致。

(2) 案例二：判断成绩是否及格

程序将接收用户的输入 (输入必定为数字，且范围为 0~100)，判断用户输入的成绩是否及格，成绩大于等于 60 则为及格。如果及格则输出"成绩合格"，如果不及格则输出"成绩不合格"。

以下是样例输入输出：

```
请输入成绩: 59
成绩不合格

---

请输入成绩: 70
成绩合格
```

阅读完本案例我们可以发现，成绩仅有两种情况，一种是及格，另一种是不及格，也就是说，在程序中，我们可以使用二分支结构来解决。

以下是流程图说明：

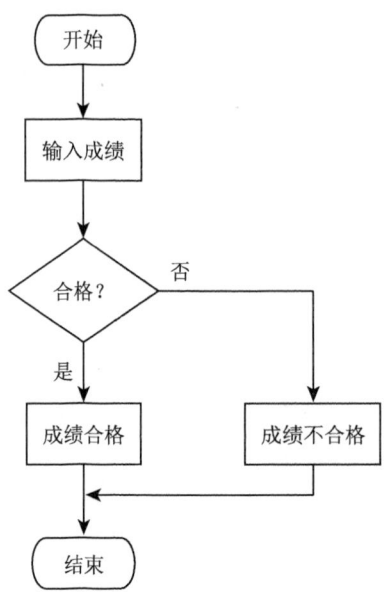

在上述流程图的指导下，可以写出如下程序：

```
a = eval(input('请输入成绩: '))
if a >= 60:
    print('成绩合格')
else:
    print('成绩不合格')
```

(3) 案例三：求分段成绩

程序将接收用户输入的成绩(成绩必定为数字，且范围为0~100)，判断成绩的分段，分段标准如下：

分数段	评级
$a < 60$	不及格
$60 \leqslant a < 75$	及格
$75 \leqslant a < 85$	良好
$85 \leqslant a \leqslant 100$	优秀

以下是样例输入输出：

```
请输入成绩: 59
不及格

---

请输入成绩: 70
及格
```

阅读完本案例，我们可以很明显地发现，解决本案例需要用多分支结构。

以下是流程图说明：

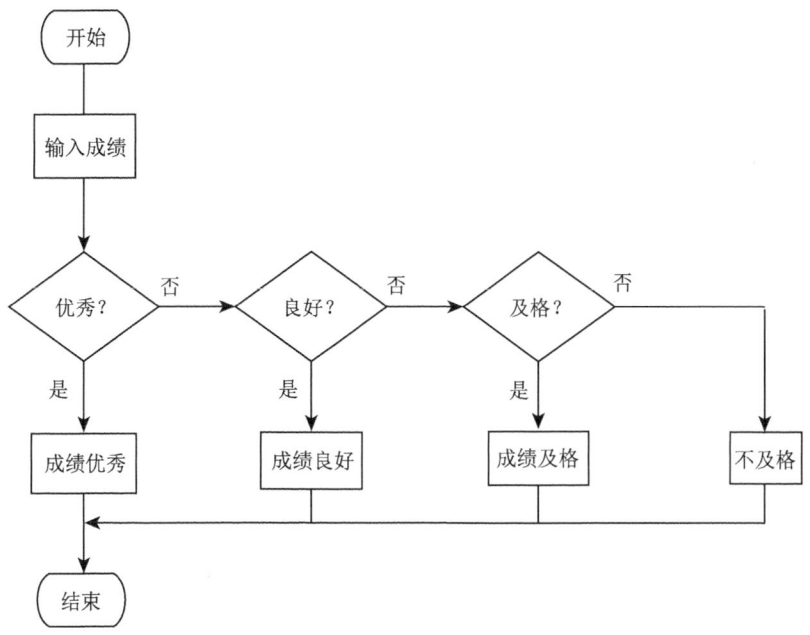

在上述流程图的指导下，可以写出如下程序：

```
grade = eval(input('请输入成绩：'))
if 85 <= grade <= 100:
    print('优秀')
elif 75 <= grade < 85:
    print('良好')
elif 60 <= grade < 75:
    print('及格')
else:
    print('不及格')
```

(4) 案例四：求任意两个数的和

程序将两次接收用户的输入 (输入可能是整数，也可能是小数，当然也有可能根本不是数字)，分别将两次获得的输入分别存于变量 a、b 中，最后的输出遵循以下规则。

1) 如果输入的数字为整数，则输出"两个整数之和为：< 结果 >"。

2) 如果输入的数字只有一个为小数，则输出"两个数之和为：< 结果 >"，并且保留两位小数。

3) 如果两个数字都为小数，则输出"两个小数之和为：< 结果 >"，并且保留四位小数。

4) 如果输入中有一个不是数字，则输出"请检查输入！"。

以下是样例输入输出：

```
请输入第一个数：8
请输入第二个数：9
```

```
两个整数之和为：17

---

请输入第一个数：8.2
请输入第二个数：9
两个数之和为：17.20

---

请输入第一个数：a
请输入第二个数：9
请检查输入！
```

以下是流程图说明：

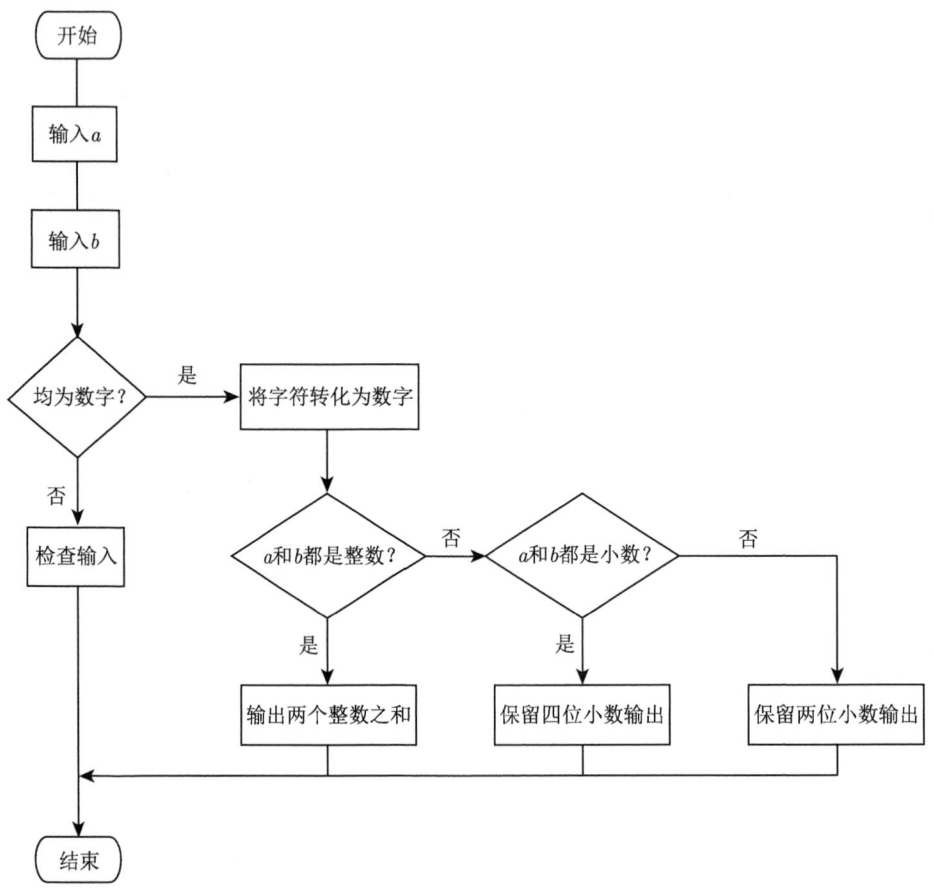

相比之下，这比之前的流程图复杂多了，但是我们在编写程序代码的过程当中要建立起相关流程图。无论如何，在上述流程图的指导下，可以写出如下程序：

```python
# 获取两个输入，并且交给 a、b
a = input('请输入第一个数：')
b = input('请输入第二个数：')

# 判断 a、b 是否为数字
if a.replace('.', '').isdigit() and b.replace('.', '').isdigit():
    # a, b均为数字，但是此时只检测了a、b是否为纯数字组成的字符串，
    # 但其本质上还是字符串，因此需要将其转换为真正的数字类型
    a = eval(a)
    b = eval(b)

    # 判断 a、b 是否为整型
    if isinstance(a, int) and isinstance(b, int):
        # a、b均为整数
        print(f'两个整数之和为：{a + b}')
    elif isinstance(a, float) and isinstance(b, float):
        # a、b均为小数
        print(f'两个小数之和为：{a + b:.4f}')
    else:
        # a、b只有一个为小数
        print(f'两个数之和为：{a + b:.2f}')
else:
    # a、b中有一个不是数字
    print('请检查输入！')
```

这段程序看上去更加完整了，笔者还是要对这段程序做出一些说明。这段程序融合了二分支结构和多分支结构，同时使用了 and 连接词。在此我们主要说明一下选择结构部分。由于输入不确定，可能是数字也可能是文字，第一个 if 结构需要保证输入为数字才能进行比较，因此第一个 if 处首先判断 a 和 b 两个变量是否为数字，这里连续用了两个字符串的方法 replace() 和 isdigit()，前者是为了替换小数点为空字符，后者是为了判断其是否为数字。这么做的原因是 isdigit() 无法判断小数，因此将小数点暂时去除后再做判断。同时在此处使用连接词 and 做连接，意思是当两个都是数字时，整个条件才为真值，才会执行第一个 if 下的语句块，否则执行 else 下的语句块。

而后第二个 if 是为了判断转化后的 a 和 b 两个数字分别是什么类型。熟悉 BIF 的读者应该知道我们会使用 isinstance() 函数来确定给定变量的对应类型，其返回值是一个布尔值。了解这些后，再结合程序中的注释语句，就可以较为清楚地了解每一段代码的作用了。

需要特别提出的一点是，在这段程序中，采用了一个较为新的格式化字符串的方式 f-String，这个格式化字符串的方式是在 Python 3.6 及其后续版本才开始引入的，Python 3.6 版本之前采用 format() 方法。读者如果采用 Python 3.6 及其后续版本，可以考虑使用 f-String 方法，以提高程序的可读性，并且 f-String 相对其他的格式化方法效率更高。

在 if 语句中，有一点需要特别提醒读者，就是如何判断一个变量的值是否为 None，写法如下：

```
# 判断为 None
if a is None:
    ...

# 判断不为 None
if a is not None:
    ...
```

4.3 循环结构

循序结构其实就是当某个条件成立时，重复执行某些语句，直到条件不满足时退出循环。以下是流程图说明：

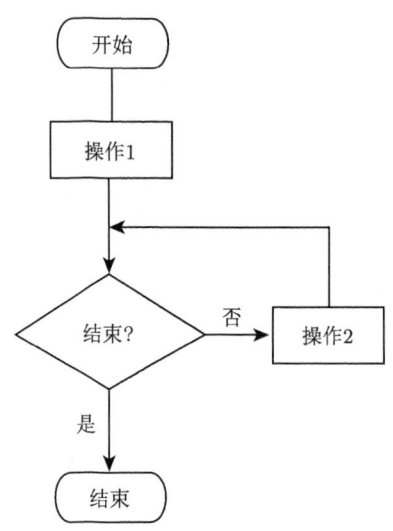

4.3.1 for 循环

4.3.1.1 使用 for 循环

Python 中的 for 循环的一般形式如下所示：

```
for <循环变量> in <序列>:
    ...
```

在 Python 中，只要是一个序列对象都可以采用上述 for 循环的形式进行循环操作，将会按照序列顺序，依次取到每一个元素。在本章前，我们学习到的序列仅仅有"字符串"。但是之后，序列对象还有很多，如列表、集合、字典，这些数据结构均能够被 for 循环语句进行循环，从而分别取出其中的每一项，接下来还会为读者讲解 for 循环，在这里笔者先以字符串为例讲解一下 for 循环：

```
string = 'Hello Python Loop'
for i in string:
    print(i)
```

以下是样例输出：

```
H
e
l
l
o

P
y
t
h
o
n

L
o
o
p
```

由上述的例子可以看出，for 循环语句循环字符串序列的时候，每次变量 i 就是字符串中的一个字符，而且当字符序列读取完成以后，循环会自动终止不再重复进行。这就是 for 循环的一个特点，当读取完序列后，循环将会自动终止不再进行。

现在，我们再用一个实际例子巩固一下刚刚了解到的 for 循环语句。

案例：找到字母 A 和 a

用程序统计下面这段话中 A 或 a 出现的次数。以下是文本：

```
Love means that I care about the welfare of the person I love. To the
extent that it is genuine, my caring is not possessive, nor does it hold
the other person back. On the contrary, my caring frees both of us. If I
care about you, I'm concerned about your growth, and I hope you will
become all that you can become. Consequently, I don't put up obstacles to
what you do that enhances you as a person, even though it may result in my
discomfort at times.
```

以下是样例输出：

```
A 或 a 出现的次数为：25
```

以下是流程图说明：

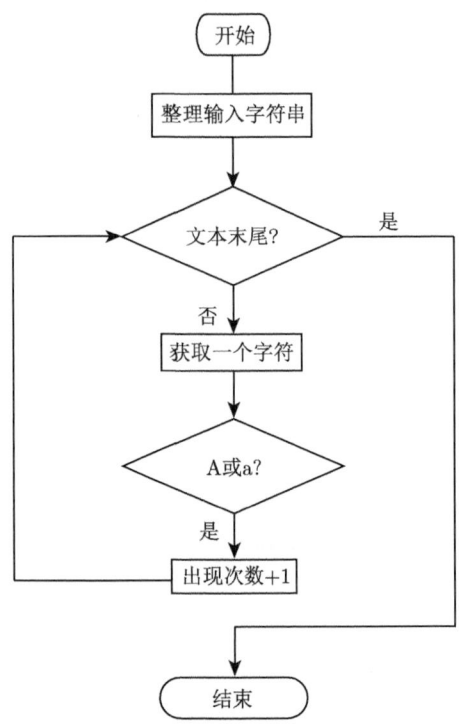

在上述流程图的指导下,可以写出如下程序:

```
string = '''
Love means that I care about the welfare of the person I love.
To the extent that it is genuine, my caring is not possessive,
nor does it hold the other person back.
On the contrary, my caring frees both of us.
If I care about you, I\'m concerned about your growth,
and I hope you will become all that you can become.
Consequently, I don\'t put up obstacles to what you do that
enhances you as a person,
even though it may result in my discomfort at times.
'''

count = 0
for i in string:
    if i.upper() == 'A':
        count += 1
print(f'A 或者 a 出现的次数为: {count}')
```

笔者简单讲解一下上述的程序,首先我们需要对输入的字符串做转义处理,笔者对字符串的习惯是采用单引号,但是文中也存在单引号,因此在正文的单引号前需要对文字用反斜杠做出转义处理。而后声明一个统计次数的变量 count 来统计 A 或者 a 出现的情况。

完成初始化操作以后,真正进入 for 语句阶段,利用 for 循环,依次获取每个字符,并且把它赋给 i 这个变量，此时我们可以利用大小写的特性，统一取出英文字符的大写字母与 A 比较，如果相等，那么可为变量 count 加 1 以记录出现的次数。正常的加 1 操作应为 count = count + 1，表示在 count 的基础上加 1 以后再重新交给变量 count 存储加 1 以后的值，但是此处为简便写法 count += 1，它与 count = count + 1 所表达的含义完全一致，只是前者的写法更加简便。

4.3.1.2 enumerate()

enumerate() 也是一个 BIF，该函数经常用于元素与元素的位置 (下标) 一起输出，一般常和 for 循环一同使用。读者可以先根据以下例子感受一下 enumerate() 的使用：

```
for index, s in enumerate('Hello Python Loop'):
    print(f'字符为: {s}, 其下标为: {index}')
```

以下是样例输出：

```
字符为: H, 其下标为: 0
字符为: e, 其下标为: 1
字符为: l, 其下标为: 2
字符为: l, 其下标为: 3
字符为: o, 其下标为: 4
字符为:  , 其下标为: 5
字符为: P, 其下标为: 6
字符为: y, 其下标为: 7
字符为: t, 其下标为: 8
字符为: h, 其下标为: 9
字符为: o, 其下标为: 10
字符为: n, 其下标为: 11
字符为:  , 其下标为: 12
字符为: L, 其下标为: 13
字符为: o, 其下标为: 14
字符为: o, 其下标为: 15
字符为: p, 其下标为: 16
```

从上述例子可以看出，enumerate() 可以让我们在循环获取字符的同时，还能知道这个字符串在序列里所处的位置，一般下标按照默认习惯从 0 开始，但是 enumerate() 也给了我们选项，下标可以从任意值开始，程序如下：

```
for index, s in enumerate('Hello Python Loop', start=1):
    print(f'字符为: {s}, 其下标为: {index}')
```

以下是样例输出：

```
字符为: H, 其下标为: 1
字符为: e, 其下标为: 2
字符为: l, 其下标为: 3
字符为: l, 其下标为: 4
```

```
字符为: o, 其下标为: 5
字符为:  , 其下标为: 6
字符为: P, 其下标为: 7
字符为: y, 其下标为: 8
字符为: t, 其下标为: 9
字符为: h, 其下标为: 10
字符为: o, 其下标为: 11
字符为: n, 其下标为: 12
字符为:  , 其下标为: 13
字符为: L, 其下标为: 14
字符为: o, 其下标为: 15
字符为: o, 其下标为: 16
字符为: p, 其下标为: 17
```

可以看到,给 enumerate() 函数规定 start 值以后,就可以由用户自行规定的值开始递增了。

4.3.1.3 range()

range() 也是一个 BIF,作用是生成一个数字序列。笔者之前提到过,只要是序列,都可以使用 for 循环来查看其每一项。因此,我们用几个例子来说明 range() 的使用:

```
for i in range(4):
    print(i)

print('---')

for i in range(0, 4):
    print(i)

print('---')

for i in range(0, 4, 1):
    print(i)

print('---')

for i in range(-2, 4, 2):
    print(i)
```

以下是样例输出:

```
0
1
2
3
```

```
---
0
1
2
3
---
0
1
2
3
---
-2
0
2
```

由上述例子的输出我们可以看出，前三个 range() 是等价的，这是什么原因呢？首先我们来明确一下 range() 函数参数的含义。range([start,]end[, step]) 为 range() 函数带有参数列表的形式，其中由 [ ] 包裹的部分为可省略部分。表示取一个数字序列，从 start (包含) 开始，到 end (不包含) 结束，步长为 step。若 start 被省略则表示起始数字为默认的 0，若 step 被省略则表示步长默认为 1。

有的读者可能会有疑惑，步长是否能为负数，起始数字是否能比结束的数字大呢？这是可以的，以下为样例输入：

```
for i in range(5, 0, -1):
    print(i)
```

以下是样例输出：

```
5
4
3
2
1
```

4.3.1.4 使用 break 结束 for 循环

当 for 循环进行到一定进程的时候，如需要强行中断循环的执行，此时采用 break 强行中断循环操作，实例如下：

```
for i in range(10):
    if i <= 5:
        print(f'变量 i 的值为: {i}')
    else:
```

```
        print('中断循环')
        break
```

以下是样例输出：

```
变量 i 的值为: 0
变量 i 的值为: 1
变量 i 的值为: 2
变量 i 的值为: 3
变量 i 的值为: 4
变量 i 的值为: 5
中断循环
```

break 语句将结束所处在的那一个循环当中,并且不再执行循环内的语句。

4.3.1.5 在 for 循环中使用 continue

我们先来一起看一个例子,在例子的基础上理解 continue 关键词的作用:

```
string = 'Hello Python Loop'
for i in string:
    if i == 'o':
        continue

print(f'当前显示的字母为: {i}')
```

以下是样例输出：

```
当前显示的字母为: H
当前显示的字母为: e
当前显示的字母为: l
当前显示的字母为: l
当前显示的字母为:
当前显示的字母为: P
当前显示的字母为: y
当前显示的字母为: t
当前显示的字母为: h
当前显示的字母为: n
当前显示的字母为:
当前显示的字母为: L
当前显示的字母为: p
```

continue 关键词出现后,将不再执行 continue 以后的语句,而是直接开始下一个循环。这个关键词一般用在 for 循环当中,当不满足特定条件时继续下一个循环,用以节省代码运行时间以及保证代码简洁。

4.3.1.6 带有 else 的 for 循环

何谓带有 else 的 for 循环,我们先看一个实例,加深读者的印象:

```
for i in range(10):
    if i == 5:
        print(f'变量 i 的值为：{i}')
else:
    print('正在执行 else 语句块中的内容')

print('---')

for i in range(10):
    if i == 5:
        print(f'变量 i 的值为：{i}')
        break
else:
    print('正在执行 else 语句块中的内容')
```

以下是样例输出：

```
变量 i 的值为：5
正在执行 else 语句块中的内容
---
变量 i 的值为：5
```

带有 else 的 for 循环实质上就是，当序列的迭代对象为空时，如果存在 else 则执行，没有则继续执行后续的代码；如果循环提前退出，则 else 不会被执行而是直接跳过 else 继续执行后续代码。

4.3.2 while 循环

4.3.2.1 使用 while 循环

while 循环在 Python 中运用相对较少，但是使用 while 依旧有很大的作用。下面笔者先以一个例子来介绍 while 循环：

```
number = 0
while number <= 4:
    print(number)
    number += 1
```

以下是样例输出：

```
0
1
2
3
4
```

上述例子是输出 0~4 整数的例子，我们可以看到 while 的结构，它由 while 关键字，后跟随一个条件组成，当条件为真时执行 while 语句块内的内容，否则结束循环执行后续内容。

由上述例子可以发现，在 while 循环中，存在一个循环控制变量，这个变量的值是执行 while 循环与否的关键，并且在循环语句块中我们还对这个变量的值进行更新，以保证 while 循环能够正常退出。

现在，我们对上述程序的流程做一个梳理。首先我们定义了一个变量 number 来确定是否执行 while 语句块。while 循环设定为当 number 这个变量小于等于 4 时执行循环。进入循环后，循环打印出变量 number 的值，而后每次对 number 进行加 1 操作，完成后由 while 循环再次判定是否满足循环条件，如果满足，继续执行 while 循环，一直到 number 大于 4 后停止 while 循环。

4.3.2.2 使用 break 结束 while

与 for 语句类似，while 循环同样可以使用 break 关键字来强制结束 while 循环，我们可以采用以下例子来感受在 while 循环中使用 break 关键字。

案例：让用户输入数字

程序将无限次地接受用户输入的数字，并且计算其输入的和，当用户输入"quit"时显示之前用户输入的所有数字之和，并且结束程序。

以下是样例输入输出：

```
请输入数字：1
请输入数字：2
请输入数字：10
请输入数字：50
请输入数字：quit
输入的数字之和为：63
```

以下是流程图说明：

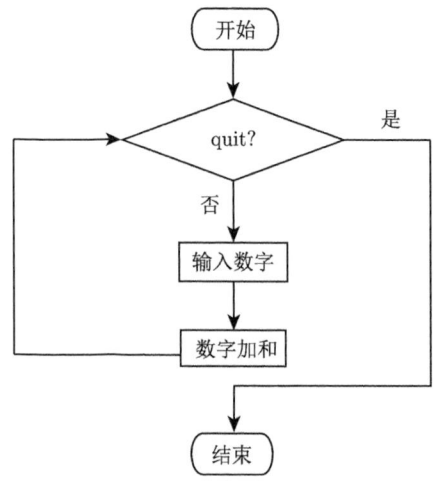

在上述流程图指导下，可以写出如下程序：

```
sum_ = 0
while True:
    msg = input('请输入数字：')
    if msg == 'quit':
        print(f'输入的数字之和为：{sum_}')
        break
    else:
        sum_ += eval(msg)
```

上述程序代码中，我们首先定义了一个变量 sum_ 来保存每次增加数字以后的累加值，但是有的读者可能会有疑问，为什么这里取名为 sum_ 而不直接取名为 sum，还要多此一举地在后面增加一个下划线呢？细心的读者可能会知道，sum() 是 Python 的一个 BIF，笔者在这里为了避免命名上的冲突以及遵守变量命名的准确性原则，在 sum_ 后增加了一个下划线。这样做既避免了命名上的冲突，而且还准确地表达了该变量的作用是保存累加值。

笔者在此采用的形式是 while True 的形式，使用该形式的时候需要注意，在循环体中一定要书写对应的退出循环条件，简单地说就是在循环体中一定要出现 break 才能避免死循环。在该例子中，break 语句就设置在了当用户输入"quit"时，先将之前用户所输入的数字和显示出来，而后再使用 break 关键字退出循环。

上述程序还有一种写法，就是将循环变量换成 msg，若 msg != 'quit' 时进行循环，其实现代码如下：

```
sum_ = 0
msg = '0'
while msg != 'quit':
    sum_ += eval(msg)
    msg = input('请输入数字：')
    print(f'输入的数字之和为：{sum_}')
```

此方法相对之前的方法，代码量相对较少，但是在理解上可能会有一些难点。有的读者可能会有疑问，为什么 msg 的初值要赋值成字符串 0 呢？原因是这样的，如果将 msg 的初值赋值为空字符串，这时候一进入 while 循环，执行的语句实质上为 0 + eval('')，这个语句会直接造成解释器抛出错误：

```
SyntaxError: unexpected EOF while parsing
```

因此，在赋值时将 msg 赋值为字符串 0，既符合逻辑要求，又符合 msg 本身是字符串的情况，一举两得。

4.3.2.3 带有 else 的 while 循环

在 while 循环中使用 else 语句与在 for 循环中使用 else 语句类似，都是在 while 循环正常退出时才会执行 else 语句块中的内容。

```
count = 1
while count < 4:
    print(count)
    count += 1
else:
    print('正在执行 else 中的内容')

print('---')

count = 1
while count < 4:
    print(count)
    count += 1
    if count == 3:
        break
else:
    print('正在执行 else 中的内容')
```

以下是样例输出：

```
1
2
3
正在执行 else 中的内容
---
1
2
```

带有 else 的 while 循环实质上就是，当 while 循环正常退出时，如果存在 else 则执行，否则继续执行后续的代码；如果循环因为使用了 break 关键字提前退出，则 else 不会被执行而是直接跳过 else 继续执行后续代码。

4.3.2.4 避免产生不必要的死循环

正常情况下，我们都会写出如下的 while 循环语句，以下 while 循环是能够正常执行的：

```
count = 0
while count < 5:
    print(count)
    count += 1
```

以下是样例输出：

```
0
1
2
```

```
3
4
```

如果在书写过程中将 count += 1 这个更新循环变量的语句遗漏了，while 循环将会无休止地执行，并且程序无法停止。

```
count = 0
while count < 5:
    print(count)
    # count += 1
```

以下是样例输出：

```
0
0
0
0
0
0
0
...
```

4.4 悬挂 else

我们先用一个 C 语言的例子来看一下"悬挂 else"是什么东西。有 C 语言基础的读者可以判别一下代码中 else 属于哪一个 if，再思考一下如果变量 hi 的值为 2 或者为 8，打印值分别是什么。

```
if (hi > 1)
    if (hi > 7)
        printf("好棒好棒！")
else
    printf("切~")
```

"悬挂 else"问题的出现主要是代码中不明确 else 语句块属于哪一个 if 语句。在 C 语言中，else 语句永远属于离它上方最近的那个 if 语句，所以上面的程序正常应该写成如下格式：

```
if (hi > 1)
    if (hi > 7)
        printf("好棒好棒！")
    else
        printf("切~")
```

这样在 C 语言中便可有效地避免"悬挂 else"问题出现，接下来我们再看一段 Python 代码：

```
if hi > 1:
    if hi > 7:
        print("好棒好棒！")
else:
    print("切~")
```

那么此时 else 属于哪一个 if 语句呢？阅读过之前内容的读者可能会脱口而出这个 else 属于距离它上方最近的那个 if 语句。但是，这就错了，在 Python 中不是由距离来决定 else 属于哪一个 if 的，而是由缩进的层级来决定 else 属于哪一个 if 语句的。如果它们的缩进层级一致，那么它们属于同一个级别。因此，上面的例子中 else 属于第一个 if 语句。下面这个例子中的 else 属于第二个 if 语句，希望读者能够体会出这两个例子当中的差别。

```
if hi > 1:
    if hi > 7:
        print('好棒好棒！')
    else:
        print('切~')
```

4.5 pass 语句

Python 中的 pass 语句并没有实质上的作用，其作用就是作为占位符使用。

```
for letter in 'Hello Python Loop':
    if letter == 'o':
        pass
    else:
        print(letter)
```

pass 语句在修订程序或者初次书写程序的时候非常有用，主要用于事先规划程序的结构与框架，在完成框架书写并且填充具体内容时，将会把 pass 语句替换，让程序实现具体内容。

4.6 三元运算符

三元运算符在 Python 中通常被称为条件表达式，这个表达式的基础是 if 语句基于对条件真与假的判断。我们先一起看一下下面这个程序的输出结果：

```
a = 5
s = ''
if a > 5:
    s = 'a 大于 5'
else:
    s = 'a 小于等于 5'
print(s)
```

熟悉之前内容的读者不难猜到，这个程序的输出是：

```
a 小于等于 5
```

但是这么一个简单的判断和赋值语句，用 if…else… 结构书写，就写出了四行代码，能不能用更少的行数来完成上述任务呢？读者可以尝试以下代码：

```
a = 5
print('a 大于 5' if a > 5 else 'a 小于等于 5')
```

以下是样例输出：

```
a 小于等于 5
```

如果运用了三元操作符，那么可以把原来的判断赋值语句压缩，得到一个简单的代码。笔者在此简单地对三元操作符做一个简单的说明。三元操作符依然遵循 if 的条件判断，当条件为真值时，结果为 if 语句的前部，否则为 else 语句的后部。

读者可以基于对上述三元操作符的理解，再来讨论以下给出的程序输出，如果理解了三元操作符可以转化为 if 语句，那么读者对下面程序输出也就胸有成竹了。

```
for i in range(5):
    print('a 大于 2' if a > 2 else 'a 小于等于 2')
```

4.7 断　　言

Python 中的断言，简单说就是对运行到此处的程序做一个"健康检查"，检查程序中变量的情况是否和预期一致，如果一致则继续运行，否则程序在此会抛出一个断言错误。

在 Python 中，做检查时的关键字为 assert，以下是使用 assert 的样例，读者可以先尝试运行样例来了解 assert。

```
a = 1
assert a == 1, 'variable \'a\' must be 1'
assert a == 2, 'variable \'a\' must be 2'
```

经过运行以上程序，读者应该可以获得以下输出：

```
AssertionError: variable 'a' must be 2
```

笔者要对该程序做出说明。首先，将变量 a 的值赋为 1，接着采用 assert 语句检查变量 a 的值是否为 1，可以发现通过了检查，并无报错。但是到了第二个检查时就无法通过了，第二个断言语句要求变量 a 的值为 2，但是现在程序当中变量 a 的值还是 1，所以此处"健康检查"不通过，由此程序给出了一个名为 AssertionError 的断言错误，且所给出的错误提示内容为我们自行输入的"错误提示语句"。

到此，我们可以总结出 assert 的用法：

```
assert <条件>[, 错误提示语句]
```

assert 后跟一个布尔条件值，这和 if 后所跟的条件值相像。中括号后的错误提示语句为可选项，如果需要明确地提示错误原因等内容，可根据需要填写。

4.8 小　　结

通过本章学习，读者应该深入了解了 Python 的程序流程的三大结构，即顺序结构、选择结构及循环结构，并通过它们了解了 Python 的基本逻辑运行，可以使用这三个结构来编写代码以实现人力较难完成的事情。可以说，掌握了这三大流程结构，什么代码都难不倒你了。

通过学习顺序结构，读者应理解 Python 最基本的逻辑运行及工作原理，即根据语句出现的先后顺序执行，统一缩进层级的代码会从上到下执行，这是编写代码的重中之重，读者了解并熟练掌握后，可以借 BIF 和语言基础元素编写一些具有实际作用的代码。

通过学习选择结构，读者应理解 Python 语言的智能性，即语言的选择与判断，通过使用 if、elif、else 关键词，再根据变量或一些其他情况来使程序判断应执行哪一个语句，从而可以实现更多样化的选择，读者应掌握以下几种结构。

(1) 单分支结构

```
...
if <条件>:
    ...
...
```

(2) 二分支结构

```
...
if <条件>:
    ...
else:
    ...
...
```

(3) 多分支结构

```
...
if <条件1>:
    ...
elif <条件2>:
    ...
elif <条件3>:
    ...
else:
    ...
```

上述三个结构尝试编写不应仅仅止步于简单的流程，而应是具有判断选择功能的代码。

通过学习循环结构，读者应了解 Python 循环结构中的两大"干将"——for 循环和 while 循环，了解它们各自的特点及不同。在 for 循环中，读者应掌握 for 循环的基本形式。

```
for <循环变量> in <序列>:
    ...
```

for 循环具有一个序列对象，可以是字符串、列表、集合甚至是字典，当给定序列对象后，便会开始循环，当读取完序列对象后便会自动终止，这便是 for 循环的一个特点，同时读者应学习将 enumerate() 及 range 与 for 搭配使用，分别可产生循环下标及循环范围，也应同时了解 for 循环中的 break 及 continue 方法为强制跳出循环和跳出本次循环，最后接触带有 else 的 for 循环，根据序列对象是否为空来执行不同的语句。其次是 while 循环，在 while 循环中，读者应了解它的结构，它由 while 关键字后跟随一个条件组成，当条件为真时执行 while 语句块内的内容，否则结束循环执行后续内容，不同于 for 循环的自动终止循环，while 循环中存在一个循环控制变量，这个变量的值是执行 while 循环与否的关键。同样，读者也应学习 while 循环中 break 方法及 continue 方法和带有 else 的 while 循环，这与 for 循环中的大致相同，值得注意的是，读者在使用 while 循环时，应注意设置循环控制变量，若更新循环控制变量的语句遗漏或出错，便会产生不必要的死循环。通过学习掌握 for 循环及 while 循环，读者已经可以编写代码来实现一些工程量巨大的工作，一些生活中烦琐甚至是不可能完成的工作，这也正是学习 Python 的一个好处。

最后读者应了解"悬挂 else"，这是 Python 不同于 C 语言的语句结构，else 与 if 的归属不取决于距离而是取决于缩进层级；pass 语句，这是 Python 中的占位符，常在修订程序和书写程序框架时使用；三元操作符也称为条件表达式，是以 if 为基础的对条件真假的判断，利用三元操作符，读者可以大大简化 if...else... 结构的书写，以一行代码代替原先的多行代码，十分便利；断言相当于一个"健康检查"，检查程序中变量的情况是否和预期一致，读者应了解 assert 关键字的使用。

```
assert <条件>[, 错误提示语句]
```

当检查不通过时，便会产生 AssertionError 的断言错误。读者了解并掌握"悬挂 else"、pass 语句、三元操作符及断言后，在代码编写中将更得心应手。

习　题

1. 选择结构的关键词是什么？有哪些格式？
2. 循环结构是哪两种循环？它们分别有何特点？
3. 请问 break 语句和 continue 语句在循环中起到什么作用？
4. 断言是什么？assert 的作用是什么？
5. 请用 if not: 写出与 if $a \leqslant 100$ 等价的表达式。
6. 下面的循环会输出多少次"hello python loop"？

```
for i in range(10, -10, -2):
    print('hello python loop')
```

7. 请问下述代码的输出是什么？

```
count = 1
for i in range(0, 5):
    while count < 4:
        print(count)
        count += 1
        if count == 3:
            break
    else:
        print('正在执行 else 中的内容')
else:
    print('正在执行 else 中的内容')
```

8. 编写一个程序，不停地接受用户输入，直至用户输入"quit"时退出程序。

以下是样例输入输出：

```
请输入您要表达的内容：你好！
我们已经收到！
请输入您要表达的内容：我想预订房间
我们已经收到！
请输入您要表达的内容：quit
```

9. 编写一个程序，将 2~100 的素数打印出来。

10. 编程求出下面字母 o 出现了几次，并求出它们的下标 (从 1 开始)。

Love means that I care about the welfare of the person I love. To the extent that it is genuine, my caring is not possessive, nor does it hold the other person back. On the contrary, my caring frees both of us. If I care about you, I'm concerned about your growth, and I hope you will become all that you can become. Consequently, I don't put up obstacles to what you do that enhances you as a person, even though it may result in my discomfort at times.

11. 使用三元操作符编程完成如下要求。

以下是样例输入输出：

```
请输入x: 3
请输入y: 5
请输入z: 7
最小的数为: 3
```

12. 还记得猜数字小游戏吗？请用流程控制知识改进小游戏，要求如下：① 所猜数字要求随机变动。② 将游戏次数增加到 3 次，次数用尽后游戏结束。③ 若输入的不为数字或为小数，请输出"输入错误"，并再次开始。④ 判断用户的输入是否在符合的数字范围内，如果输入不在指定范围内，请输出"输入错误"，并再次开始。

以下为原代码：

```
print("数字范围是1-10")
n = input("请猜一下我现在想的数字:")
s = int(n)
if s == 8:
    print("哼,猜对了也没有什么奖励")
elif s > 8:
    print("哥, 大了大了~~~")
else:
    print("哥, 小了小了~~~")
print("游戏结束")
```

13. 现有鸡兔同笼,其中鸡 10 只,兔 5 只,要求共从笼中取出 7 只动物,编程求出所有可能。

14. 编程以实现密码锁,要求密码只能为数字或字母且有三次机会。

以下是样例:

```
请输入密码: 123 456
密码仅含数字及密码!您还有 3 次机会!  请输入密码: 123456
密码输入错误!您还有 2 次机会!  请输入密码: abcd1234
密码正确。
```

第 5 章 列表、元组、字典与集合

在本章中，读者开始接触 Python 特别的数据结构，其中包括列表、元组、字典等数据结构。在本章中，笔者将会为大家详细介绍 Python 中数据结构的用法，并且会为读者举例，让读者更好地理解与使用 Python 的数据结构，写出更加简单、方便的程序。

5.1 列　　表

5.1.1 什么是列表

Python 中的列表就是一个存储数据的地方，无论是什么类型的数据，都可以存储在 Python 的列表当中。列表可以只存储一个元素，也可以不存储元素，当然，列表中也可以存储成千上百万个元素，只要计算机的内存能够支持。

列表是 Python 极其强大的一种数据结构，也是刚接触 Python 的初学者最喜欢使用的一种数据结构。因为它包含的方法非常多，使用起来非常方便。

5.1.2 创建一个列表

在 Python 中，列表使用中括号来表示，并且采用逗号分割里面的每一个元素。知道列表使用什么符号表示以后，结合之前学过的简单数据类型，我们可以尝试着创建属于我们自己的列表：

```
numbers = [0, 1, 2, 3, 4, 5, 6, 7, 8, 9]
print(numbers)
```

以下是样例输出：

```
[0, 1, 2, 3, 4, 5, 6, 7, 8, 9]
```

以上是我们创建出来的一个纯数字列表，当然我们也可以创建一个纯字符串列表：

```
fruits = ['apple', 'pear', 'cherry']
```

以下是样例输出：

```
['apple', 'pear', 'cherry']
```

本节开始，笔者就提到过，无论是什么类型的数据，都可以存储在 Python 的列表当中，那我们为什么不尝试一下把几种不同类型的数据放到列表中来观察一下效果呢？

```
list_ = [0, 1, .1, .2, 'apple', 'pear']
print(list_)
```

以下是样例输出：

```
[0, 1, 0.1, 0.2, 'apple', 'pear']
```

通过上述例子我们验证了，在 Python 中，列表是可以存储不同类型的数据的。因为列表具有极大的灵活性，它成为 Python 极为重要的一种数据结构。

细心的读者可能还发现了笔者在变量名 list 后增加了一个下划线。仔细阅读过之前内容的读者肯定想到了，因为在 Python 中 list 是一个保留字，为了防止命名的冲突，笔者采用了 list_ 这样一个变量名来防止冲突。

Python 中的列表 (list) 是一个序列，在本章之前，我们曾经提到过一个函数——range()，它能够生成一个数字序列。Python 中列表也是一个序列，两者之间是否有什么联系呢？我们来做一下尝试：

```
print(range(10))
```

以下是样例输出：

```
range(0, 10)
```

不是说是个数字序列吗？怎么还是一个 range(0, 10)。请读者稍安毋躁，实质上它就是一个数字序列，只不过是用 range() 函数创建的，因此显示为 range 的形式，在此基础上，我们只要使用 list 把它强制转化为列表显示即可：

```
print(list(range(10)))
```

以下是样例输出：

```
[0, 1, 2, 3, 4, 5, 6, 7, 8, 9]
```

使用 list 转化以后，我们就可以看到 range() 函数的本来面目了，其实它就是一个数字序列，只是 range() 函数帮我们简化了创建数字序列的操作。

5.1.3 访问列表

现在，我们拿到了一个列表，但是我们也只是使用它来储存数据，每次输出不可能都将整个列表输出，一般都是取出列表中的某一项。

那么我们就来尝试一下如何取出列表中的某一项，先来尝试取出列表中的第一项：

```
fruits = ['apple', 'pear', 'cherry']
print(fruits[1])
```

只要在列表名称后加上中括号，再在此之中填上需要取出的那一项的序号 (下标)，即可获得。

以下是样例输出：

```
pear
```

有的读者可能会惊讶，为什么我选取的是第一个，取出来的却是第二个？这是有原因的，其实 1 代表的就是第二个。程序员数数都是从 0 开始的，所以 1 是第二个也是情有可原的。那么这就要求读者习惯这样一个编码方式，需要记着 Python 中下标是从 0 开始编号的。如果需要取出第一个，应当用 0 作为下标，接下来我们再做一次尝试：

```
fruits = ['apple', 'pear', 'cherry']
print(fruits[0])
```

以下是样例输出：

```
apple
```

这下，我们就真正获得了列表中的第一项。所以读者在使用下标的时候，一定要从 0 开始计数，否则取出的内容会向后移动一个位置。

为了输出的美观性，笔者再在上述程序中做出一定的修改，读者先尝试是否能够读懂以下程序：

```
fruits = ['apple', 'pear', 'cherry']
print(fruits[0].title())
```

以下是样例输出：

```
Apple
```

有了以上的基础，现在来尝试一下取出列表中的最后一项。那么有的读者可能就会写出以下程序：

```
fruits = ['apple', 'pear', 'cherry']
print(fruits[2].title())
```

以下是样例输出：

```
Cherry
```

以上输出以及下标的使用都没有问题，但是有时候我们可能会取变化的列表的最后一项。也就是说，最后一项的下标不一定为 2，那么应该如何操作呢？那就是让程序自动地读出列表的长度，首先介绍一个 BIF ——len()。它的作用就是读取长度，以下为使用示例：

```
fruits = ['apple', 'pear', 'cherry']
length = len(fruits)
print(length)
```

以下是样例输出：

```
3
```

可以看到，len() 函数输出了列表的长度 3，也就是列表中包含了 3 个元素。基于此，列表的最后一项下标就是列表长度减去 1，因此取得最后一项的方法可以变为：

```
fruits = ['apple', 'pear', 'cherry']
length = len(fruits)
index=length-1
print(fruits[index])
```

以下是样例输出：

```
cherry
```

这样也是取出了列表中的最后一项，但是这个过程要经历读取长度，在长度基础上减 1，然后才能利用这个数值作为下标来取得列表最后一个元素，过程有些复杂，写法不是"很 Python"。

因此，在这里向读者介绍一种 Python 语言中特有的写法，负数下标。符号代表着从列表的末尾开始计数，以下为取出列表最后一项并且使用负数下标的例子：

```
fruits = ['apple', 'pear', 'cherry']
print(fruits[-1])
print(fruits[-2])
```

以下是样例输出：

```
cherry
pear
```

这样，我们也就成功取出了列表中的最后一项。利用负数下标，可以让事情更简单，写法也"很 Python"。

但是在使用下标的过程中，一定要避免下标超出范围，这在编程术语中称为"下标越界"，以下是一个反例：

```
fruits = ['apple', 'pear', 'cherry']
print(fruits[3])
```

以下是样例输出：

```
IndexError: list index out of range
```

一旦下标越界，就会引发解释器抛出 IndexError 错误，程序也会随之中断，不再继续向下执行。

以上都是访问列表中的单个值，如果此时想依次访问列表的每一个值 (在编程术语中称为"遍历")，应当如何操作呢？请读者先看以下例子：

```
fruits = ['apple', 'pear', 'cherry']
for item in fruits:
    print(item)
```

以下是样例输出：

```
apple
pear
cherry
```

相信大家对 for 语句还是相当熟悉的。在之前提到过 for 语句是用来遍历一个序列的。Python 中的列表也是序列，因此列表可以通过 for 语句来轻松地获得它的每一项。

如果此时我们需要获得每一项的下标，那么应当如何操作呢？有一定想法的读者肯定会结合之前讲过的知识，写出与下面相似的代码：

```python
fruits = ['apple', 'pear', 'cherry']
for i in range(len(fruits)):
    print(f'下标为：{i}, 对应位置上的元素是：{fruits[i]}')
```

以下是样例输出：

```
下标为：0, 对应位置上的元素是：apple
下标为：1, 对应位置上的元素是：pear
下标为：2, 对应位置上的元素是：cherry
```

上述程序能够正常的运行，在逻辑上来说是不存在任何问题的。但是在 Python 中还有另一种简便的写法，并且运用更少的 BIF，以下是改进后的程序代码：

```python
fruits = ['apple', 'pear', 'cherry']
for index, item in enumerate(fruits):
    print(f'下标为：{index}, 对应位置上的元素是：{item}')
```

以下是样例输出：

```
下标为：0, 对应位置上的元素是：apple
下标为：1, 对应位置上的元素是：pear
下标为：2, 对应位置上的元素是：cherry
```

运用 BIF——enumerate() 来改进代码，在每次迭代的过程中，同时获得下标与列表中对应的元素。在 Python 编码过程中，笔者更推荐此种写法，使得代码更"Pythonic"（写法更加符合 Python 的编码规范）。

5.1.4 对列表元素的操作

5.1.4.1 增：向列表增加一个元素

在本节中，我们将向列表中增加一个新的元素，即将接触一个新的 Python 列表的内置方法 append()，它的作用是向列表末尾增加一个新的元素。

```python
fruits = ['apple', 'pear']
print(fruits)
fruits.append('cherry')
print(fruits)
```

以下是样例输出：

```
['apple', 'pear']
['apple', 'pear', 'cherry']
```

上述程序为我们展现了执行 append() 函数前后列表的变化。append() 函数的作用是向列表的末尾增加一个新的元素。

此时我们也就获得了一个新的创建列表的方法——使用 append() 函数。

```
fruits = list()
fruits.append('apple')
fruits.append('pear')
fruits.append('cherry')
print(fruits)
```

以下是样例输出：

```
['apple', 'pear', 'cherry']
```

先用一个 BIF ——list() 来初始化一个空的列表，再连续三次调用 append() 函数也可以获得一个新的列表。

append() 函数是向列表的末尾增加一个新的元素，但是遇到向列表中插入一个元素时，append() 方法也就无能为力了。此时，需要用到列表的另一个方法 insert() 来向列表中的一个位置进行插入。

```
fruits = ['apple', 'cherry']
print(fruits)
fruits.insert(1, 'pear')
print(fruits)
```

以下是样例输出：

```
['apple', 'cherry']
['apple', 'pear', 'cherry']
```

上述程序是将 "pear" 插入列表的中部，那么如果插入一个极大的下标又会是什么情况呢？

```
fruits = ['apple', 'cherry']
print(fruits)
fruits.insert(10, 'pear')
print(fruits)
```

以下是样例输出：

```
['apple', 'cherry']
['apple', 'cherry', 'pear']
```

此时发现插入的位置在列表的末尾，而非给定的下标的位置。

5.1.4.2 查：在列表中查找一个元素

提到在列表中查找某个元素，相信读者应该能够想到先遍历列表，如果元素与被查找元素相等，则表示已查找到，否则未查找到。根据以上思路，我们可以写出以下程序：

```python
fruits = ['apple', 'pear', 'cherry']
# 查找标志，默认未查到
find = False
for i in fruits:
    # 查找目标为 pear
    if i=='pear':
        # 更改查找标志为 True 表示已找到
        find = True
        # 找到后提前退出循环，增加效率
        break

# 根据查找标志，确定输出
if find:
    # 找到
    print('已找到')
else:
    # 未找到
    print('未找到')
```

以上程序可以确定元素是否存在于列表中，但是上述程序过于繁杂。这与"Python 之禅"中的"简约"并不匹配。因此在此向读者介绍四种列表元素查找的方式，以简化代码。

(1) 采用 in 操作符来判断元素是否在列表中

```python
fruits = ['apple', 'pear', 'cherry']
print('pear' in fruits)
print('peach' in fruits)
```

以下是样例输出：

```
True
False
```

显而易见，如果元素在列表中则为 True，否则为 False。

(2) 采用 not in 操作符来判断元素是否在列表中

```python
fruits = ['apple', 'pear', 'cherry']
print('pear' not in fruits)
print('peach' not in fruits)
```

以下是样例输出：

```
False
True
```

显而易见，如果元素不在列表中则为 True，否则为 False。

(3) 采用 index() 函数来判断元素是否在列表中

```
fruits=['apple', 'pear', 'cherry']
print(fruits.index('pear'))
```

以下是样例输出：

```
1
```

采用 index() 函数时，如果找到该元素，会返回该元素在此列表中的第一个下标。但值得注意的是，如果此元素不在列表中，index() 函数会抛出一个错误。

```
fruits = ['apple', 'pear', 'cherry']
print(fruits.index('peach'))
```

以下是样例输出：

```
ValueError: 'peach' is not in list
```

(4) 采用 count() 函数来判断元素是否存在于列表中

可以使用 count() 函数确定指定元素在列表中出现的次数，如果出现次数为 0，则表示指定元素不存在于列表中。

```
fruits = ['apple', 'pear', 'cherry']
print(fruits.count('pear'))
print(fruits.count('peach'))
```

以下是样例输出：

```
1
0
```

5.1.4.3 删：删除列表中的一个元素

除了向列表中增加元素以外，读者还有可能需要删除列表中一个或者多个元素，以保证列表中元素的有效性。因此，笔者在此介绍几种删除列表中元素的方法。

(1) 使用 del 删除元素

使用该语句的前提是，需要知道列表中元素所处位置的下标，此时便可使用 del 语句进行删除。

```
fruits = ['apple', 'pear', 'cherry']
print(fruits)
del fruits[2]
print(fruits)
```

以下是样例输出：

```
['apple', 'pear', 'cherry']
['apple', 'pear']
```

上述例子表明，只要知道了元素所在的下标即可删除对应的元素。元素删除后，列表也就相应更新，而且受到删除元素的影响，部分元素的下标会更新。

```
fruits = ['apple', 'pear', 'cherry']
print(fruits)
del fruits[1]
print(fruits)
```

以下是样例输出：

```
['apple', 'pear', 'cherry']
['apple', 'cherry']
```

显而易见，原来处在下标位置 2 的 "cherry"，受删除元素影响，其下标现在已经转变为 1。

(2) 使用 remove() 删除元素

如果仅知道删除元素是什么而不知道删除元素所处位置的下标，那么此时可以常用 remove() 方法进行删除。

```
fruits = ['apple', 'pear', 'cherry']
print(fruits)

fruits.remove('apple')
print(fruits)
```

以下是样例输出：

```
['apple', 'pear', 'cherry']
['pear', 'cherry']
```

但是如果删除一个不存在于列表中的元素，就会引发错误，使程序中断。

```
fruits = ['apple', 'pear', 'cherry']
print(fruits)

fruits.remove('peach')
print(fruits)
```

以下是样例输出：

```
ValueError: list.remove(x): x not in list
```

删除一个不存在的元素会引发 ValueError，从而使程序中断。因此，笔者建议在删除之前先确定元素确实处于列表中后再进行删除，以免引发程序不必要的中断。

```
fruits = ['apple', 'pear', 'cherry']
remove_items = ['peach', 'pear']

for item in remove_items:
    if item in fruits:
        fruits.remove(item)

print(fruits)
```

以下是样例输出:

```
['apple', 'cherry']
```

此时先行判断被删除元素是否存在于列表内,可以有效地避免错误并且达到删除效果。

remove() 操作用于我们知道所需删除的元素,但是如果元素在列表中出现多次,我们再执行 remove() 操作,情况又会如何呢？下面我们一起尝试以下这个例子:

```
fruits = ['apple', 'peach', 'pear', 'peach', 'cherry']
print(fruits)

fruits.remove('peach')
print(fruits)
```

以下是样例输出:

```
['apple', 'peach', 'pear', 'peach', 'cherry']
['apple', 'pear', 'peach', 'cherry']
```

由上述样例输出可以看出,remove() 操作只会删除第一个出现的元素,而其他相同的元素并不会被删除。因此使用 remove() 操作删除可能存在多个元素时,建议采用循环删除。

```
fruits = ['apple', 'peach', 'pear', 'peach', 'cherry']
remove_item = 'peach'

count = fruits.count(remove_item)
for i in range(count):
    fruits.remove(remove_item)
```

以下是样例输出:

```
['apple', 'peach', 'pear', 'peach', 'cherry']
['apple', 'pear', 'cherry']
```

上述程序先使用 count() 函数确定被删除元素在列表里出现的次数,紧接着根据出现次数,循环删除,即可达到全部删除的目的。

(3) 使用 pop() 删除元素

pop 在编程术语中译为"弹出",我们先使用如下例子来观察 pop() 函数的使用:

```
fruits = ['apple', 'pear', 'cherry']
fruits.pop()
print(fruits)
```

以下是样例输出:

```
['apple', 'pear']
```

pop() 函数的作用就是删除列表中的最后一个元素,但是 pop() 函数还有一个副作用,就是会获得"弹出"的元素的值,我们可以进行一个尝试,打印 pop() 语句:

```
fruits = ['apple', 'pear', 'cherry']
print(fruits.pop())
print(fruits)
```

以下是样例输出:

```
cherry
['apple', 'pear']
```

可以发现,我们不仅删除了元素,还获取了"弹出"值。其实这很符合"弹出"的含义:第一,"弹出"值不存在序列中;第二,"弹出"值依然存在可以获取。

实际上,我们不仅可以获得列表末尾的"弹出"值,还可以指定下标进行"弹出"操作:

```
fruits = ['apple', 'pear', 'cherry']
print(fruits.pop(1))
print(fruits)
```

以下是样例输出:

```
pear
['apple', 'cherry']
```

由上述例子可以看到,我们指定了原列表中下标为 1 的那一项进行"弹出"操作。

5.1.4.4 改:修改列表中的一个元素

列表的修改操作与列表的访问操作基本类似,均通过下标访问以后直接进行赋值操作即可完成。以下为修改列表中元素的示例:

```
fruits = ['apple', 'pear', 'cherry']
fruits[1] = 'peach'
print(fruits)
```

以下是样例输出:

```
['apple', 'peach', 'cherry']
```

5.1.5 列表切片

在之前的内容中，读者应该已经了解如何获取 Python 中列表的单独一个元素的方法，并且应该已经掌握如何从正序以及逆序获取列表的某一个元素的方法。

在本节中，读者将了解如何获取列表的一部分元素。获取列表的一部分元素的方法，在 Python 中称为"切片"。

我们先通过一个例子来了解如何切片：

```
a = ['apple', 'pear', 'cherry', 'peach', 'grape']
part_a = a[2: 4]
print(part_a)
```

以下是样例输出：

```
['cherry', 'peach']
```

由上述程序可以看到，如果想进行切片，使用的语法为 <list name>[<start index>: <end index + 1>]。在上述程序中，变量 part_a 的值为列表切片后的结果，在切片的过程中，从下标为 2 的元素开始，到下标为 4 的元素结束，但是并不包含下标为 4 的元素，这和 range() 函数有点类似。

值得注意的是，在选取过程中，中括号中的数字永远是下标值，而不是指第几个元素，并且所获得的切片不包含指定的结束下标值。

当起始的下标值未指定时，默认为 0：

```
a = ['apple', 'pear', 'cherry', 'peach', 'grape']
part_a = a[: 3]
print(part_a)
```

以下是样例输出：

```
['apple', 'pear', 'cherry']
```

当结束的下标值未指定时，默认为取到列表的最后一个元素：

```
a = ['apple', 'pear', 'cherry', 'peach', 'grape']
part_a = a[2:]
print(part_a)
```

以下是样例输出：

```
['cherry', 'peach', 'grape']
```

当起始与末尾的结束下标值均未指定时，默认起始位置下标为 0，末尾默认取到列表的最后一个元素，实质上就是列表的一个复制操作：

```
a = ['apple', 'pear', 'cherry', 'peach', 'grape']
part_a = a[:]
print(part_a)
```

以下是样例输出：

```
['apple', 'pear', 'cherry', 'peach', 'grape']
```

在列表的切片操作中，同样像取单独一个元素一样，可以使用负数下标值，其表示的含义就是从末尾向前计数：

```
a = ['apple', 'pear', 'cherry', 'peach', 'grape']
part_a = a[-4:]
print(part_a)
```

以下是样例输出：

```
['pear', 'cherry', 'peach', 'grape']
```

在切片操作中，还有一种方式是跳跃切片：

```
a = ['apple', 'pear', 'cherry', 'peach', 'grape']
part_a = a[1:: 2]
print(part_a)
```

以下是样例输出：

```
['pear', 'peach']
```

跳跃切片是指在指定的切片范围内，使用给定的数字跳跃，获取元素。由上述例子可以知道，在下标 1 到末尾的切片范围内，每两个元素为一组，取其组内第一个元素，因此只能够获得两个元素。

同样，跳跃切片也可以使用负数下标，且跳跃切片的跳跃值也可以为负数：

```
a = ['apple', 'pear', 'cherry', 'peach', 'grape']
print(a[::-2])
```

以下是样例输出：

```
['grape', 'cherry', 'apple']
```

上述例子中，跳跃切片数值为负数，并且切片为整个列表，那么在整个列表中倒序每一个取一个值，即得到原列表的倒序值，下面给出的程序也可以显示倒序列表：

```
a = ['apple', 'pear', 'cherry', 'peach', 'grape']
print(a[::-1])
```

以下是样例输出：

```
['grape', 'peach', 'cherry', 'pear', 'apple']
```

在切片中可以发现，切片的结果仍然是一个列表，说明这个结果仍具有列表的其他特征。

在切片的书写过程中，根据 PEP8 代码风格的建议，切片符号":"应当使用一个空格分开。笔者建议遵循 PEP8 代码风格进行书写。

5.1.6 多维数据

在组织数据的维度上，一般需要处理的数据有一维、二维、三维甚至是多维度的。但是无论有多少个维度的数据，始终要掌握其组织规律。本质上它们都是一维数据的堆叠，二维数据是由多个一维数据组成的，而三维数据又是由多个二维数据组成的。

5.1.6.1 一维数据

之前所提到的例子多数为一维数据。最简单的理解方式是仅用中括号括起来的数据就是一维数据：

```
a = [1, 1, 1, 1, 1]
```

上述例子中，变量 a 就是一维数据，并且五个元素的值均为 1。

5.1.6.2 二维数据

二维数据是由多个一维数据组成的，那么在 Python 中如何书写一个二维数据呢？读者可以参考下述例子：

```
a = [
    [1, 1, 1],
    [2, 2, 2],
    [3, 3, 3]
]
print(a)
```

以下是样例输出：

```
[[1, 1, 1], [2, 2, 2], [3, 3, 3]]
```

上述程序生成的是一个 3×3 的二维数据。

5.1.6.3 三维数据

以此类推，三维数据就是多个二维数据的组合：

```
a = [
    [
        [1, 1, 1],
        [2, 2, 2],
        [3, 3, 3]
    ],
    [
        [1, 1, 1],
        [2, 2, 2],
        [3, 3, 3]
    ]
]
print(a)
```

以下是样例输出：

```
[[[1, 1, 1], [2, 2, 2], [3, 3, 3]], [[1, 1, 1], [2, 2, 2], [3, 3, 3]],
[[1, 1, 1], [2, 2, 2], [3, 3, 3]]]
```

5.1.6.4 多维度

在 Python 中很少使用原生列表进行多维度数据的生成，因为在大量数据的情况下，列表操作效率极低。但是读者应当掌握多维度数据的内容，同时在本丛书中，还会向读者介绍多维度数据的内容及其使用。

5.1.7 列表排序

列表排序指的是将列表元素自动地或者按照规定顺序排列，以获得排序后的列表进行操作。列表中，元素的排列顺序经常是无法预测的，因此需要将列表中的元素按照一定规律进行编排。

5.1.7.1 基础排序

(1) sorted() 函数

使用 sorted() 函数可以简便地对列表进行排序。

```
a = [7, 5, 4, 6, 3, 1, 2]
print(sorted(a))
```

以下是样例输出：

```
[1, 2, 3, 4, 5, 6, 7]
```

此时，我们再来关注一个使用 sorted() 函数排序的问题，那就是列表 a 的值是排序之后的值还是排序之前的值？我们修改上述代码并运行：

```
a = [7, 5, 4, 6, 3, 1, 2]
print(sorted(a))
print(a)
```

以下是样例输出：

```
[1, 2, 3, 4, 5, 6, 7]
[7, 5, 4, 6, 3, 1, 2]
```

由以上输出可以看到，使用 sorted() 函数以后，原来的列表并没有得到实质的改变。也就是说 sorted() 函数的排序功能是"临时性"的，并不会真正改变原来列表的顺序。

(2) sort() 函数

既然 sorted() 函数排序是临时性的，那么是否有一个函数是"永久性"排序的呢？答案是有的，那就是 sort() 函数。

```
a = [7, 5, 4, 6, 3, 1, 2]
a.sort()
print(a)
```

以下是样例输出：

```
[1, 2, 3, 4, 5, 6, 7]
```

使用 sorted() 函数后，我们可以看到，原来的列表 a 已经经过了排序。

那么什么时候需要使用 sort() 进行永久排序，什么时候使用 sorted() 进行临时性排序呢？简单的判定规则就是，当你还需要原来列表进行操作的时候，考虑使用 sorted() 进行临时性排序，如果仅仅需要排序后的列表进行操作，那么应当使用 sort() 函数进行排序。

5.1.7.2 增加参数

使用 sorted() 语句时，可以指定一个参数 key，参数是一个函数/方法，这个函数/方法将在排序前被执行。

```
result_1 = sorted('Seventieth Anniversary of the Founding of the
                   People\'s Republic of China'.split())
result_2 = sorted('Seventieth Anniversary of the Founding of the
                   People\'s Republic of China'.split(), key=str.lower)
print(result_1)
print(result_2)
```

以下是样例输出：

```
['Anniversary', 'China', 'Founding', "People's", 'Republic',
 'Seventieth','of', 'of', 'of', 'the', 'the']
['Anniversary', 'China', 'Founding', 'of', 'of', 'of',
 "People's",'Republic', 'Seventieth', 'the', 'the']
```

由上述例子可以看出，使用 key 参数以后，对排序结果产生了影响，实质上是在排序之前对列表元素执行了 str.lower 这个函数，所以得以忽略大小写进行排序。

```
students = [
    ['Li Z. L', 'A', 15],
    ['Yang J. X.', 'B', 12],
    ['Chai X. X.', 'C', 10],
    ['Liu Y.', 'A', 13]
]
# 按照年龄排序
result = sorted(student, key=lambda info: info[2])
print(reslut)
```

以下是样例输出：

```
[['Chai X. X.', 'C', 10], ['Yang J. X.', 'B', 12], ['Liu Y.',
 'A', 13], ['Li Z. L', 'A', 15]]
```

上述例子表明，key 是可以接受 lambda 匿名函数的 (关于匿名函数的知识将在后面介绍)。

对于一些比较复杂的对象 (关于对象的知识将在第 7 章进行介绍)，key 也是可以接受其参数进行排序操作的。

```
class Student:
    def __init__(self, name, level, age):
        self.name = name
        self.level = level
        self.age = age

    def __repr__(self):
        return repr((self.name, self.level, self.age))

students = [
    Student('Li Z. L', 'A', 15),
    Student('Yang J. X.', 'B', 12),
    Student('Chai X. X.', 'C', 10),
    Student('Liu Y.', 'A', 13)
]

# 按照年龄排序
result = sorted(students, key=lambda student: student.age)
print(result)
```

以下是样例输出：

```
[('Chai X. X.', 'C', 10), ('Yang J. X.', 'B', 12), ('Liu Y.',
 'A', 13), ('Li Z. L', 'A', 15)]
```

5.1.7.3 operator 模块

使用 operator 模块可以更好地进行排序操作，虽然上面的 key 参数的使用已经非常广泛，但是 Python 还提供了更加方便的函数来使得访问方法更加容易和快速。operator 模块有 itemgetter、attrgetter 以及 methodcaller 等方法。使用 operator 中的这些方法，上面的操作将会变得更加简洁和快速。

```
from operator import itemgetter, attrgetter, methodcaller
# 例一：
students = [
    ['Li Z. L', 'A', 15],
    ['Yang J. X.', 'B', 12],
    ['Chai X. X.', 'C', 10],
    ['Liu Y.', 'A', 13]
]
```

```python
# 使用每一项中下标为2的那一项为标准进行排序
result = sorted(students, key=itemgetter(2))
print(result)

# 例二:
class Student:
    def __init__(self, name, level, age):
        self.name = name
        self.level = level
        self.age = age

    def __repr__(self):
        return repr((self.name, self.level, self.age))

students = [
    Student('Li Z. L', 'A', 15),
    Student('Yang J. X.', 'B', 12),
    Student('Chai X. X.', 'C', 10),
    Student('Liu Y.', 'A', 13)
]
# 使用列表中的每一项的Student对象中的age属性进行排序
result = sorted(students, key=attrgetter('age'))
print(result)

# 例三:
students = [
    ['Li Z. L', 'A', 15],
    ['Yang J. X.', 'B', 12],
    ['Chai X. X.', 'C', 10],
    ['Liu Y.', 'A', 13]
]
# 使用两个元素作为标准
# 第一个标准是每一项中下标为1的
# 第二个标准是每一项中下标为2的
# 先满足第一个标准,后满足第二个标准
result = sorted(students, key = itemgetter(1, 2))
print(result)

# 例四:
class Student:
    def __init__(self, name, level, age):
        self.name = name
        self.level = level
        self.age = age
```

```python
    def __repr__(self):
        return repr((self.name, self.level, self.age))

students = [
    Student('Li Z. L', 'A', 15),
    Student('Yang J. X.', 'B', 12),
    Student('Chai X. X.', 'C', 10),
    Student('Liu Y.', 'A', 13)
]
# 同时使用level和age作为排序标准
result = sorted(students, key=attrgetter('level', 'age'))
print(result)

# 例五:
students = [
    ['Li Z. L', 'A', 15],
    ['Yang J. X.', 'B', 12],
    ['Chai X. X.', 'C', 10],
    ['Liu Y.', 'A', 13]
]
# 使用每一项中下标为2的那一项为标准进行排序,排序结果倒序显示
result = sorted(students, key=itemgetter(2), reverse=True)
print(result)

# 例六:
class Student:
    def __init__(self, name, level, age):
        self.name = name
        self.level = level
        self.age = age

    def __repr__(self):
        return repr((self.name, self.level, self.age))

students = [
    Student('Li Z. L', 'A', 15),
    Student('Yang J. X.', 'B', 12),
    Student('Chai X. X.', 'C', 10),
    Student('Liu Y.', 'A', 13)
]
# 使用每一项中age属性值为标准进行排序,排序结果倒序显示
result = sorted(students, key=attrgetter('age'), reverse=True)
print(result)
```

以下是样例输出：

```
# 例一输出:
[['Chai X. X.', 'C', 10], ['Yang J. X.', 'B', 12], ['Liu Y.', 'A', 13],
['Li Z. L', 'A', 15]]

# 例二输出:
[('Chai X. X.', 'C', 10), ('Yang J. X.', 'B', 12), ('Liu Y.', 'A', 13),
('Li Z. L', 'A', 15)]

# 例三输出:
[['Liu Y.', 'A', 13], ['Li Z. L', 'A', 15], ['Yang J. X.', 'B', 12],
['Chai X. X.', 'C', 10]]

# 例四输出:
[('Liu Y.', 'A', 13), ('Li Z. L', 'A', 15), ('Yang J. X.', 'B', 12),
('Chai X. X.', 'C', 10)]

# 例五输出:
[['Li Z. L', 'A', 15], ['Liu Y.', 'A', 13], ['Yang J. X.', 'B', 12],
['Chai X. X.', 'C', 10]]

# 例六输出:
[('Li Z. L', 'A', 15), ('Liu Y.', 'A', 13), ('Yang J. X.', 'B', 12),
('Chai X. X.', 'C', 10)]
```

5.1.8 列表推导式

列表推导式为我们提供了一种新的创建列表的方式，这是一种从旧的序列创建新的序列的简单方式。

在每个列表推导式中，for 关键字以后都需要跟随一个算术表达式。紧接着，其中可能会有多个 for 语句或 if 语句。返回结果是一个根据上述表达式创建出的列表。

```
create_list = [i**3 for i in range(20) if i % 2 == 0]
print(create_list)
```

以下是样例输出：

```
[0, 8, 64, 216, 512, 1000, 1728, 2744, 4096, 5832]
```

上述例子输出的元素都是 i^3，其中 i 是 0 (含) $\sim$ 20 (不含) 的双数。使用列表推导式时应当使表达式较为简单，如果表达式较为复杂，应当考虑采用循环及分支结构来构造列表。

5.1.9 内置方法

Python 中列表的内置方法，供读者需要时参考。

方法	含义
list.append(x)	把一个元素增加到列表的结尾
list.extend(L)	通过增加指定列表的所有元素来扩充列表
list.insert(i, x)	在指定位置插入一个元素。第一个参数是准备插入到其前面的那个元素的索引
list.remove(x)	删除列表中值为 x 的第一个元素。如果没有这样的元素,就会返回一个错误
list.pop($[i]$)	从列表的指定位置移除元素,并将其返回
list.clear()	移除列表中的所有项
list.index(x)	返回列表中第一个值为 x 的元素的索引
list.count(x)	返回 x 在列表中出现的次数
list.sort()	对列表中的元素进行排序
list.reverse()	倒排列表中的元素
list.copy()	返回列表的浅复制,等于 $a[:]$
max(list)	返回列表中的最大值
min(list)	返回列表中的最小值

5.2 元 组

列表非常适用于在程序运行过程中需要反复增加、修改、删除的一些数据,但是有时候需要创建一些不被修改的数据,如计算中常用到的常量集合,或者是固定坐标点。

那么此时使用列表并不是一个非常好的方法,因为创建一个列表的成本比较大,且其创建的时候还带有各种内置方法。因此在创建一个不需要列表的数据组合的时候应当使用元组。

简单地说,元组就是一个不可变的列表。

5.2.1 定义元组

前文说到,元组是一个不可变的列表,那么元组的创建方式应该与列表有相似之处。之前提到的列表是使用中括号创建的,而元组则是使用小括号创建的。

```
# 创建元组
point = (0, 1, 2)

# 打印元组
print(point)

# 打印元组中第一个值
print(point[0])

# 打印元组中第二个值
print(point[1])

# 打印元组中第三个值
print(point[2])
```

以下是样例输出:

```
(0, 1, 2)
0
1
2
```

由上述例子可以看到，我们使用小括号创建了一个元组，这是和列表不一样的地方。但是完成元组的定义后，我们依旧可以使用下标的形式来完成元组中值的访问。

之前提及"元组是一个不可变的列表"，如何证明呢？我们来尝试修改一下元组中的值，试一下是否能够成功。

```
point = (0, 1, 2)
point[0] = 1
print(point)
```

以下是样例输出：

```
TypeError: 'tuple' object does not support item assignment
```

Python 解释器为我们抛出了一个 TypeError 的错误，说明元组 (tuple) 是不支持改变其值的。因此我们就证明了"元组是一个不可变的列表"。

但是创建元组的必要条件是小括号吗？我们来尝试以下程序：

```
point = (0)
print(isinstance(point, tuple))
```

以下是样例输出：

```
False
```

在上述程序中，我们使用 isinstance() 函数来检验变量 point 是否为元组。Python 解释器告诉我们，这个变量不是元组，那它是什么类型呢？

```
point = (0)
print(isinstance(point, int))
```

以下是样例输出：

```
True
```

怎么会是整型变量呢？我们明明在其两端增加了小括号，但是它还不是元组，说明小括号不是创建元组的必要条件。那究竟是什么呢？

在我们创建第一个元组的时候，我们还用了除小括号外的另一个符号——逗号，我们尝试着增加一个逗号，再尝试一次类型比较：

```
point = (0,)
print(isinstance(point, tuple))
```

以下是样例输出：

```
True
```

这次 Python 解释器告诉我们，增加了逗号的小括号就是元组了。在此需要读者注意的是，在创建元组时必须要有逗号，特别是在创建单元素元组的情况下，必须增加逗号才能使创建的变量为元组。

5.2.2 遍历元组

元组类似于列表，它们都是序列，只是元组是不可变的序列，但是只要是序列均可以使用 for 语句进行遍历操作：

```
point = (0, 1, 2)
for i in point:
    print(i)
```

以下是样例输出：

```
0
1
2
```

5.2.3 元组切片

元组类似于列表，同样可以进行切片操作。同样地，它支持负数下标与负数跳跃值。

```
point = (0, 1, 2)
print(point[: 2])
```

以下是样例输出：

```
(0, 1)
```

5.2.4 元组运算

(1) len()

与列表一致，元组也可使用 len() 函数获取其长度。

```
point = (0, 1, 2)
print(len(point))
```

以下是样例输出：

```
3
```

(2) +

可以使用加号来连接两节两个不同的元组，以期获得一个新的元组。

```
a = (0, 1, 2)
b = (3, 4, 5)
c = a + b
print(c)
```

以下是样例输出：

```
(0, 1, 2, 3, 4, 5)
```

(3) *

可以使用乘号让一个元组重复多次，并且获得一个新的元组。

```
a = (0, 1, 2)
b = a * 3
print(b)
```

以下是样例输出：

```
(0, 1, 2, 0, 1, 2, 0, 1, 2)
```

(4) in

使用 in 操作可以了解某个元素是否处于元组当中。

```
point = (0, 1, 2)
print(0 in point)
print(3 in point)
```

以下是样例输出：

```
True
False
```

5.2.5 删除元组

元组不可变，因此我们无法对某个元素进行修改，更无法删除元组中的某个元素，但是我们可以删除整个元组。

```
point = (0, 1, 2)
print(point)
del point
print(point)
```

以下是样例输出：

```
(0, 1, 2)
NameError: name 'point' is not defined
```

5.2.6 内置方法

方法	含义
cmp(tuple1, tuple2)	比较两个元组元素是否相等
len(tuple)	计算元组元素个数
max(tuple)	返回元组中元素最大值
min(tuple)	返回元组中元素最小值
tuple(seq)	将列表转换为元组

5.2.7 特殊元组

任意无符号的对象，如果使用逗号隔开，默认均为元组。同时在 Python 中有一个常用的赋值方式：

```
x, y, z = 0, 1, 2
print(x)
print(y)
print(z)
```

以下是样例输出：

```
0
1
2
```

上述案例的赋值方式是将第一个值赋予 x，第二个值赋予 y，第三个值赋予 z。但是笔者建议采用以下写法将使得代码更加丰满可读。

```
x, y, z = (0, 1, 2)
print(x)
print(y)
print(z)
```

以下是样例输出：

```
0
1
2
```

在原来的基础上增加一组括号，明确其数据类型为元组，然后根据位置依次赋值。笔者推荐使用此种书写方式。

5.3 字 典

在 Python 中，还有一个经常使用的数据结构，那就是字典。字典就是一些键值对的集合，一个键对应一个值，字典中的键是不允许重复的，那么我们就能够通过键来查询需要的值。

5.3.1 什么是字典

Python 中的字典，实质上就是一系列的键值对，每一个键都有一个值对应。因此可以使用一个键来访问对应的值，这些值可以是数字，也可以是字符串，还可以是列表，甚至可以是对象。

5.3.2 创建字典

在 Python 中，使用大括号来创建字典，首先我们可以创建一个空字典：

```
a = {}
b = dict()
print(isinstance(a, dict))
print(isinstance(b, dict))
```

以下是样例输出：

```
True
True
```

在上述例子中，我们采用了两种方法创建字典，一种是大括号创建形式，另一种是直接使用 dict() 函数创建空字典。

那么，如何创建一个带有键值对的字典呢？

```
a = {
    'name': 'Queensbarry',
    'age': 22,
    'job': ['teacher', 'developer']
}
print(a)
```

以下是样例输出：

```
{'name': 'Queensbarry', 'age': 22, 'job': ['teacher', 'developer']}
```

在上述例子中，我们创建了一个有三个键值对的字典，每个键值对值的类型都不一样，有字符串，有整数，还有列表。

需要提醒读者一点的是，不仅仅是字符串可以作为键，其他不可变的内容也可以作为键，如数字、元组等。

5.3.3 访问字典

访问字典的操作和访问列表以及元组的操作类似，以下是访问字典的方法：

```
a = {
  'name': 'Queensbarry',
  'age': 22,
  'job': ['teacher', 'developer']
}
```

```
print(a['name'])
print(a['age'])
print(a['job'])
```

以下是样例输出：

```
Queensbarry
22
['teacher', 'developer']
```

在 Python 中，访问字典其实就是通过在字典名称后加入中括号，再在中括号中填入键的名称，即可获得键对应的值。

在 Python 中，字典也是一种特殊的序列，因此还是可以通过 for 语句来遍历字典中的每一项：

```
a = {
    'name': 'Queensbarry',
    'age': 22,
    'job': ['teacher', 'developer']
}
for item in a:
    print(a[item])
```

以下是样例输出：

```
Queensbarry
22
['teacher', 'developer']
```

在使用 for 语句进行遍历操作返回 item 时，顺序并非固定的。如果需要使用有顺序返回的字典，请读者使用 collections 当中的 orderedDict 这一个字典。

当然，上述方式并不是最好的遍历字典的方式，最好的方式是同时获取字典的键与值，所以应当采用下列方式来遍历字典：

```
a = {
    'name': 'Queensbarry',
    'age': 22,
    'job': ['teacher', 'developer']
}
for k, v in a.items():
    print(f'键为：{k}')
    print(f'值为：{v}')
    print('-------')
```

以下是样例输出：

```
键为：name
```

```
值为: Queensbarry
-------
键为: age
值为: 22

-------
键为: job
值为: ['teacher', 'developer']

-------
```

如果需要获得字典的键列表则使用 dict.keys()；如果需要获得字典的值列表则使用 dict.values()。其中 dict 均为确定的字典对象。

5.3.4 对字典的操作

5.3.4.1 增：向字典中增加键值对

字典是一种动态的数据结构，可以在程序任何需要修改它的地方进行增加键值对的操作。

```
a = dict()
print(a)

a['name'] = 'Queensabrry'
a['age'] = 22
a['job'] = ['teacher', 'developer']
print(a)
```

以下是样例输出：

```
{}
Queensbarry
22
['teacher', 'developer']
```

首先我们使用 dict() 函数创建一个空字典，接着指定该字典增加三个键值对。

5.3.4.2 查：在字典中使用键查找一个值

在字典中查找一个值和访问字典的操作几乎类似：

```
a = {
    'name': 'Queensbarry',
    'age': 22,
    'job': ['teacher', 'developer']
}
print(a['name'])
```

```
print(a['birthday'])
```

以下是样例输出：

```
Queensbarry
KeyError: 'birthday'
```

由上述例子可以知道，当访问一个字典中存在的键时，可以正常地获取该键对应的值，否则 Python 解释器将会抛出 KeyError 错误。

那么有没有什么办法可以在访问不存在的键的时候不进行报错呢？那就是使用 dict.get() 方法，其中 dict 为一个确定的字典对象：

```
a = {
    'name': 'Queensbarry',
    'age': 22,
    'job': ['teacher', 'developer']
}
print(a.get('name'))
print(a.get('birthday'))
```

以下是样例输出：

```
Queensbarry
None
```

经过改造以后，程序就不会报错了，那么 dict.get() 方法返回 None 应该怎么使用呢？

```
a = {
    'name': 'Queensbarry',
    'age': 22,
    'job': ['teacher', 'developer']
}

if a.get('birthday') is None:
    print('未找到birthday！')
```

以下是样例输出：

```
未找到birthday
```

使用 dict.get() 方法后，可以用 if 语句进行返回值的处理，查看该值是否被找到，再做对应操作。

5.3.4.3 删：在字典中删除一组键值对

在 Python 字典中删除一个键值对，使用 del 语句即可完成删除。

```python
a = {
    'name': 'Queensbarry',
    'age': 22,
    'job': ['teacher', 'developer']
}
print(a)

del a['age']
print(a)
```

以下是样例输出：

```
{'name': 'Queensbarry', 'age': 22, 'job': ['teacher', 'developer']}
{'name': 'Queensbarry', 'job': ['teacher', 'developer']}
```

我们能够看到，使用 del 语句后，age 键值对已经被删除了。

5.3.4.4 改：修改字典中一个键对应的值

在字典中，只需像增加一个键一般的操作即可修改已经存在的键值对的值：

```python
a = {
    'name': 'Queensbarry',
    'age': 22,
    'job': ['teacher', 'developer']
}
print(a)

a['age'] = 18
a['job'].append('scholar')

print(a)
```

以下是样例输出：

```
{'name': 'Queensbarry', 'age': 22, 'job': ['teacher', 'developer']}
{'name': 'Queensbarry', 'age': 18, 'job': ['teacher', 'developer', 'scholar']}
```

但是在上述例子中，由于有列表的更新，先使用 a['job'] 获得列表后，再进行 list.append() 的操作。

5.3.5 有序的字典

Python 中的字典是无序的，因为它是按照 hash 来存储的。但是 Python 中有个叫 collections 的模块，其中有一个名为 OrderedDict 的类，实现了对字典对象中元素的排序：

```
import collections

d = dict()
d['a'] = 'A'
d['b'] = 'B'
d['c'] = 'C'
for k, v in d.items():
    print(k, v)

print('---')

d1 = collections.OrderedDict()
d1['a'] = 'A'
d1['b'] = 'B'
d1['c'] = 'C'
d1['1'] = 1
d1['2'] = 2
for k, v in d1.items():
    print(k, v)
```

以下是样例输出：

```
a A
c C
b B

---
a A
b B
c C
1 1
2 2
```

由上述例子可以看到，普通字典当中的输出顺序是不固定的，但是使用 OrderedDict 后，程序会根据操作的先后顺序进行排序，输出时按照操作顺序输出。

当两个 OrderedDict 中键值对完全一致，但是顺序不一致时，两个对象是不相等的：

```
import collections

a=collections.OrderedDict()
a['name']='Queensbarry'
a['age']=22

b=collections.OrderedDict()
b['age']=22
```

第 5 章 列表、元组、字典与集合

```
b['name']='Queensbarry'
print(a == b)
```

以下是样例输出:

```
False
```

5.3.6 内置方法

方法	含义
len(dict)	计算字典中键的个数
str(dict)	以可打印的字符串输出字典
dict.clear()	删除字典内所有元素
dict.copy()	浅复制一个字典
dict.fromkeys(seq[, value])	以序列 seq 中元素为键，value 为所有键初始值
dict.get(key, default=None)	返回指定键的值，如果值不存在返回 default
key in dict	查找键是否在字典中
dict.items()	返回键值可迭代对象
dict.keys()	返回键的可迭代对象
dict.values()	返回一个字典中的值的可迭代对象
dict.setdefault(key, default=None)	若键不存在，将会增加键并将值设为 default
dict.update(dict2)	把字典 dict2 的键值对更新到 dict 里
pop(key[, default])	删除字典给定键 key 所对应的值，返回值为被删除的值
popitem()	随机返回并删除字典中的一对键和值

5.4 集　　合

在 Python 中，集合 (set) 是一个无顺序性且无重复元素的序列。

5.4.1 创建集合

如果需要创建一个集合，可以使用大括号或者 set() 函数创建集合。值得注意的是，创建一个空集合必须用 set() 而不能使用大括号，因为在之前的讲述过程中，大括号是创建一个空字典的方式之一。

```
# 创建一个空集合
a = set()
print(a)

# 创建一个含有元素的集合
a = {'apple', 'pear', 'cherry', 'apple'}
print(a)
```

以下是样例输出:

```
set()
{'cherry', 'pear', 'apple'}
```

集合是一个无重复元素的序列，当创建的集合含有重复元素时，Python 解释器会帮我们把重复的元素过滤，得到一个没有重复元素的序列。

生成集合同样也可以采用类似列表推导式的方式：

```
a = {x for x in 'climb and maintain' if x not in 'abc'}
print(a)
```

以下是样例输出：

```
{'t', 'd', 'n', 'm', 'l', ' ', 'i'}
```

5.4.2 对集合的操作

5.4.2.1 增：向集合中增加一个值

有时候我们会遇到向集合中增加一个元素的情况。在 Python 中，如果要向集合中增加一个元素，我们采用 set.add() 方法：

```
a = set()
print(a)

a.add('apple')
a.add('pear')
a.add('cherry')
print(a)
```

以下是样例输出：

```
set()
{'apple', 'cherry', 'pear'}
```

当我们向集合中增加了一个已经存在的元素时，集合是不会报错的。也就是说，我们增加了一个已经存在的元素并不会引发集合的变化：

```
a = {'apple', 'pear', 'cherry'}
print(a)
a.add('apple')
print(a)
```

以下是样例输出：

```
{'pear', 'cherry', 'apple'}
{'pear', 'cherry', 'apple'}
```

如果需要在集合中增加元素，也可以使用 set.update() 来向集合中增加元素：

```
a = {'apple', 'pear', 'cherry'}
print(a)
```

```
a.update({'grape'})
print(a)
```

以下是样例输出：

```
{'apple', 'cherry', 'pear'}
{'apple', 'grape', 'cherry', 'pear'}
```

在使用 set.update() 方法时，也可以指定多个值：

```
a = {'apple', 'pear', 'cherry'}
print(a)

a.update({'grape'}, {'pineapple'})
print(a)
```

以下是样例输出：

```
{'pear', 'cherry', 'apple'}
{'grape', 'pear', 'pineapple', 'cherry', 'apple'}
```

5.4.2.2 查：在集合中查找一个值

判断某一个值是否存在于集合当中时，应当使用 in 操作符，其返回值是一个布尔值：

```
a = {'apple', 'pear', 'cherry'}
print('apple' in a)
print('pineapple' in a)
```

以下是样例输出：

```
True
False
```

5.4.2.3 删：删除元素与清空集合

在集合中删除元素，应当使用 set.remove() 操作：

```
a = {'apple', 'pear', 'cherry'}
a.remove('apple')
print(a)
```

以下是样例输出：

```
{'pear', 'cherry'}
```

但是如果删除一个不存在的元素会发生什么情况呢？

```
a = {'apple', 'pear', 'cherry'}
a.remove('pineapple')
print(a)
```

以下是样例输出：

```
KeyError: 'pineapple'
```

当使用 set.remove() 方法时，删除一个不存在的元素会引发报错，这时候可以尝试使用 set.discard() 方法，此时删除一个不存在的元素不会引发错误。

```
a = {'apple', 'pear', 'cherry'}
a.discard('pineapple')
print(a)
```

以下是样例输出：

```
{'pear', 'apple', 'cherry'}
```

当然，我们也可以实现在列表中随机弹出一个值，那就是使用 set.pop() 方法：

```
a = {'apple', 'pear', 'cherry'}
print(a.pop())
print(a)
```

以下是样例输出：

```
cherry
{'apple', 'pear'}
```

如果需要清空整个集合，应当使用 set.clear() 函数：

```
a = {'apple', 'pear', 'cherry'}
a.clear()
print(a)
```

以下是样例输出：

```
set()
```

5.4.3 内置方法

常见内置方法与含义如下：

方法	含义
len(set)	返回集合元素个数
set.add()	为集合增加元素
set.clear()	清空集合中的所有元素
set.copy()	复制一个集合
set.difference(set)	返回多个集合的差集
set.difference_update(set)	移除两个集合中都存在的元素
set.discard(x)	删除集合中指定的元素
set.intersection(set1, ...)	返回集合的交集
intersection_update()	返回集合的交集，该方法将返回一个新集合
set.isdisjoint(set)	判断两个集合是否包含相同的元素，若无返回 True
set.issubset(set)	判断指定集合是否为该方法参数集合的子集

方法	含义
issuperset()	判断指定集合的所有元素是否都包含在原始集合中，若是则为 True
set.pop()	随机移除元素
set.remove(x)	移除指定元素
set.symmetric_difference(set)	返回两个集合中不重复的元素集合
set.symmetric_difference_update(set)	移除当前集合中在另外一个指定集合相同的元素，并将另外一个指定集合中不同的元素插入到当前集合中
set.union(set1, ...)	返回两个集合的并集
set.update(set)	给集合增加元素

5.5 复 制

复制 (copy) 的概念，在 Python 中尤其需要关注，我们先来看一个例子：

```
a = [1, 2, 3, 4, 5]
b = a
print(a)
print(b)

a[0] = 9
print(a)
print(b)
```

以下是样例输出：

```
[1, 2, 3, 4, 5]
[1, 2, 3, 4, 5]
[9, 2, 3, 4, 5]
[9, 2, 3, 4, 5]
```

在上述例子中，明明只改变了列表 a 的值，为何列表 b 也随之变化呢？

那么，这就有了深复制和浅复制的问题了。上述例子当中有一个语句 b = a 其实并没有在内存中分配新的储存空间来给 b，而是把同一块内存同时命名为 a 和 b，这块内存空间既可以使用 a 来访问，也可以使用 b 来访问。那么显而易见，不管谁修改了内存中的值，再次访问时都只能访问到修改后的值，这种情况下的复制称为浅复制。

那么如果需要新生成一个内存空间来储存一个相同的内容呢？这时候就需要使用一个新的模块—— copy 模块。

```
import copy

a=[1, 2, 3, 4, 5]
b=copy.deepcopy(a)
print(a)
print(b)

a[0]=9
```

```
print(a)
print(b)
```

以下是样例输出:

```
[1, 2, 3, 4, 5]
[1, 2, 3, 4, 5]
[9, 2, 3, 4, 5]
[1, 2, 3, 4, 5]
```

那么此时就能获得一个全新的列表 b。根据上述例子,如果读者需要获得与原变量内容一致的全新的变量,同时不与原复制变量占有相同存储空间,则应当使用 copy 模块中 copy.deepcopy() 函数来生成新的变量。

5.6 小　　结

通过本章的学习,读者应该了解到 Python 中特色的数据结构,包括列表、元组、集合以及字典。这四个特色的数据结构的相互组合与拼接,能够使得程序更加丰满,以及程序的书写更加流畅。

本章所介绍的列表、元组、集合与字典,在 Python 程序书写的过程当中极其常见,但是就是这四个简单的数据结构,为 Python 程序的多样性奠定了扎实的基础,读者应该反复阅读本章内容,深入了解不同数据结构当中不同的操作方法,以熟练掌握相关内容,为接下来的程序书写打下坚实基础。

习　　题

1. 判断用户输入的一个数字为星期几(注意用上列表),对应关系如下:

数字	1	2	3	4	5	6	7	其他
结果	星期一	星期二	星期三	星期四	星期五	星期六	星期日	错误

2. 现有商品列表如下:

```
products = [
    ['IPhone', 6888],
    ['MacBook Pro', 14800],
    ['小米10 Pro', 4999],
    ['Coffee', 30],
    ['Book', 60],
    ['Nike', 699]
]
```

需打印出以下格式:

```
Index   Product Name    Price
```

```
00001    IPhone              CNY   6888
00002    MacBook Pro         CNY  14800
00003    XiaoMi10 Pro        CNY   4999
00004    Coffee              CNY     30
00005    Book                CNY     60
00006    Nike                CNY    699
```

3. 根据上题的商品列表写一个循环，不断询问用户想购买什么商品，当用户选择一个商品编号的时候，将商品添加到购物车列表当中，当用户输入为 quit 的时候，则退出循环并打印用户想购买的商品列表。

4. 现有用户 A 和用户 B 前去购买商品（商品列表见习题 2），现构造一个字典以体现两位用户购买的商品以及总价格，字典形式如下：

```
info = {
    'A': {
        'products': ['IPhone', 'MacBook Pro', 'Coffee'],
        'money': 21718
    },
    'B': {
        'products': ['XiaoMi10 Pro', 'Book'],
        'money': 5059
    }
}
```

请用程序描述以上字典的生成过程。

第 6 章 函　　数

在编程世界中，对于函数的定义并不像数学中定义函数那样有等号的产生。在编程世界中，对于函数的定义都是具有名字的代码块，它们是用来完成一些具体任务的代码块。

为什么要编写函数呢？一个原因是在完成任务的过程中，某些操作可能需要重复完成，此时将其提出来作为模板使用，用户只需关注输入以及输出即可。另一个原因是为了代码的可读性，如果将具体操作步骤编写成函数，而且函数是有名字的代码块，当在代码中书写函数名时就知道这部分操作所需完成的内容，增加了代码的可读性。

6.1　Python 函数

6.1.1　创建和调用

想要在 Python 中使用函数，必须先进行函数的定义。在 Python 中，函数的定义符号为 def 语句，接下来我们将之前 print('Hello World') 的语句放在函数中进行尝试：

```
def hello():
    print('Hello World')
```

通过上述语句，我们就完成了一个函数的定义，并且该函数的函数名为 hello。

通过上述例子，我们来总结一下定义函数的基本方法：

```
def <函数名>():
    ...
```

Python 中的函数使用 def 语句引导，其后空一格并紧跟函数名称，再在其后方加上小括号与冒号，接着在其下一行行首空四格，以代表其下内容为该函数的代码块，并填写完成函数所需的操作语句。

完成我们第一个 hello 函数的定义后，我们一起尝试运行以下定义的代码：

```
def hello():
    print('Hello World')
```

以下是样例输出：

上述案例为什么没有输出呢？原因如下：函数被定义了，但是没有被调用。也就是说，我们已经拥有了一个名为 hello 的函数，但是并没有让它去"干活"，因此也就没有 print() 语句的输出。

那么应当如何让我们定义的第一个函数进行工作呢？那就是要"呼唤它"：

```
def hello():
    print('Hello World')
hello()
```

以下是样例输出：

```
Hello World
```

经过"呼唤"以后，在控制台中终于获得了输出。我们"呼唤它"的操作用术语表述为"调用函数"，调用的格式就是直接在需要使用我们已经定义函数的地方填写函数名，并加上小括号即可，运行时即可完成调用操作。

6.1.2 函数的参数

函数是一个有名字的代码块，但是在这个代码块中，有时候我们需要从函数外部，也就是调用的时候临时传入一些数据进行操作，那么此时就要借助函数参数的概念进行参数的传递与使用。

函数的参数实际上就是函数的输入部分，因为这部分内容是在调用函数时从外部输入的。

6.1.2.1 形式参数

当初学者第一次接触到参数，特别是形式参数（简称形参）以及实际参数（简称实参）时，经常会被这两个概念弄得头昏脑涨。在此，笔者先不提出形参与实参的概念，先通过一个例子来观察，在定义函数时，如果需要使用外部传入的变量时，应当如何书写：

```
def hello(name):
    greeting = f'Hello {name.title()}'
    print(greeting)
```

此时我们就定义了一个带有参数的函数，并且参数的名字叫作 name。这个函数的作用是接收一个名为 name 的参数，并且向它问好。

此时，可以引入形参的概念。在函数定义阶段，所使用的输入的参数，即形参。形参有如下特点：① 在函数定义阶段出现；② 形参没有一个具体的值，可以理解为一个变量。

6.1.2.2 实际参数

那么什么为实参呢？在此之前，我们先尝试调用上述定义的函数：

```
def hello(name):
    greeting = f'Hello {name.title()}'
    print(greeting)

names = ['queensbarry', 'Li Z. L.', 'Liu Y.']
for name in names:
    hello(name)
```

以下是样例输出：

```
Hello Queensbarry
Hello Li Z. L.
Hello Liu Y.
```

如何调用一个带有形参的函数呢？那便是在正常调用函数语句中填写对应的内容，以交给函数的形参进行处理。

那么如果存在多个参数该如何进行操作呢？

```
def hello(name, number):
    greeting = f'Hello {name.title()}, you are NO.{number}'
    print(greeting)

names = ['queensbarry', 'Li Z. L.', 'Liu Y.']
for index, name in enumerate(names, 1):
    hello(name, index)
```

以下是样例输出：

```
Hello Queensbarry, you are NO.1
Hello Li Z. L., you are NO.2
Hello Liu Y., you are NO.3
```

从上述例子可以看出，如果存在多个参数，首先需要在定义函数时定义多个形参，此时才能从函数外部接受等数量的内容。紧接着在调用时，需要按照对应的位置进行书写，这样才能保证函数内部获取到的内容正确，否则会造成错乱。

到此，有了形参的概念以后，可以提出实参的概念——实参就是在调用函数时填写的参数，实参有以下特点：① 实参名称与形参可以不相同；② 实参是为了传递真实变量值而使用的。调用函数 hello 时所填入的 name 和 index 均为实参。定义 hello 函数时的 name 和 index 均为形参。

经过上述讲解，相信读者应该已经了解形参与实参了，但更重要的是，读者应掌握函数的定义与调用，以及参数的使用。

在使用实参时，位置是相对重要的内容，否则你可能会得到一些意想不到的内容。尝试更改上述例子，将实参中的 index 和 name 对调位置：

```
def hello(name, number):
    greeting = f'Hello {name.title()}, you are NO.{number}'
    print(greeting)

names = ['queensbarry', 'Li Z. L.', 'Liu Y.']
for index, name in enumerate(names, 1):
    hello(str(index), name)
```

以下是样例输出：

```
Hello 1, you are NO.queensbarry
Hello 2, you are NO.Li Z. L.
Hello 3, you are NO.Liu Y.
```

很明显，输出内容均不是我们想要的内容。那么在调用函数的时候，一定要将形参和实参的位置对应，这样获得的输出内容才有可能正确。

6.1.2.3 关键字参数

在这里我们又提出了一个新的概念——关键字参数，先不管关键字参数的定义如何，读者先阅读以下例子：

```
def hello(name, number):
    greeting = f'Hello {name.title()}, you are NO.{number}'
    print(greeting)

names = ['queensbarry', 'Li Z. L.', 'Liu Y.']
for index, name in enumerate(names, 1):
    hello(number=index, name=name)
```

以下是样例输出：

```
Hello Queensbarry, you are NO.1
Hello Li Z. L., you are NO.2
Hello Liu Y., you are NO.3
```

有的读者可能会有疑问，这段程序与上一段程序都把 index 和 name 的位置互换了，但是为什么这一段的输出与上一段的输出完全不同，并且这一段的输出是正确的。

其原因就在于，这次给函数传递参数的时候使用了关键字参数。其实，关键字参数就是指定，对于某个形参，需要传递的实参内容，因为已经指定了对应的形参，所以位置可以比较随意的放置。

对于关键字参数来说，当不指定关键字的时候，其实参叫作位置实参。它是依靠位置进行传值的，读者可以阅读以下例子：

```
def hello(name, number):
    greeting = f'Hello {name.title()}, you are NO.{number}'
    print(greeting)

names = ['queensbarry', 'Li Z. L.', 'Liu Y.']
for index, name in enumerate(names, 1):
    hello(name, number=index)
```

以下是样例输出：

```
Hello Queensbarry, you are NO.1
Hello Li Z. L., you are NO.2
Hello Liu Y., you are NO.3
```

在上述程序中，笔者就使用了位置实参，还有一种是关键字参数，它们之间是可以同时使用的。但是在同时使用时，需要遵守"位置参数在关键字参数前部，并且位置参数仍然按照其传递规则进行"。若有以下情况，Python 解释器会为我们报出错误：

```
def hello(name, number):
    greeting = f'Hello {name.title()}, you are NO.{number}'
    print(greeting)

names = ['queensbarry', 'Li Z. L.', 'Liu Y.']
for index, name in enumerate(names, 1):
    hello(name=name, index)
```

以下是样例输出：

```
position argument follows keyword argument
```

6.1.2.4 默认参数

Python 为了在函数调用时简便，提供了默认参数的选项，我们一起来看一下如下例子：

```
def hello(name, number=1):
    greeting = f'Hello {name.title()}, you are NO.{number}'
    print(greeting)

names = ['queensbarry', 'Li Z. L.', 'Liu Y.']
for index, name in enumerate(names, 1):
    if index == 1:
        hello(name)
    else:
        hello(name, index)
```

以下是样例输出：

```
Hello Queensbarry, you are NO.1
Hello Li Z. L., you are NO.2
Hello Liu Y., you are NO.3
```

从上述例子中可以看到，我们在调用函数时，没有指定 number 值为 1，但是为何输出值为 1 呢？原因是我们在定义函数时，给参数加了一个默认值 1。

在 Python 中编写函数时，可以对每个形参指定默认参数。在调用函数时，如果对应的形参有指定的实参值，那么将使用对应的实参值；如果对应的形参没有指定实参值，将使用函数定义时给出的默认值。使用默认值进行函数的定义，在一定程度上可以简化函数的调用。

接下来我们来看一个读者非常熟悉的 BIF 原型。

```
print(*objects, sep=' ', end='\n', file=sys.stdout, flush=False)
```

读者对 print() 函数应该极其熟悉了，在使用该函数时，我们一般仅仅将需要打印的内容交给 print() 的括号，当成参数传给该函数。但是读者应该没有关注过该函数的调用为何如此简单，那是因为该函数在书写的过程中，已经有了许多默认参数，我们只赋予了 print() 函数第一个形参内容，剩下的全部交给默认参数使用默认值进行操作了。

默认参数固然方便，但是读者在使用的过程中还是要避免默认参数的陷阱：

```
def new_list(item, list_=[]):
    list_.append(item)
    print(list_)

new_list(1)
new_list(2)
```

以下是样例输出：

```
[1]
[1, 2]
```

当读者看到样例输出时，是不是感觉默认参数并没有起到作用，为何列表的值是在原基础上增加的呢？

这就是使用默认参数的陷阱，当默认参数为可变对象时，经常会有此情况发生。原因是函数在运行定义时就为参数 list_ 分配了一个固定的内存空间，每次调用它都是在同一块内存空间进行操作，因此就会造成上述错误。

那么应该如何避免默认参数的陷阱呢？

```
def new_list(item, list_=None):
    list_ = []
    list_.append(item)
    print(list_)

new_list(1)
new_list(2)
```

以下是样例输出：

```
[1]
[2]
```

解决方案就是在原来需要使用可变对象作为默认值的地方先赋予一个 None 值，再在函数正文中初始化这个可变对象。这样才能保证在运行过程中对 list_ 指定内存空间，并且每次都是重新指定一个内存空间，这样就不会造成多次使用的内存空间为同一个。如此即可解决默认参数的陷阱。

但是上述程序仍然不够完美，因为无论用户是否传给 list_ 值，在运行的过程中 list_ 值都会变为空列表。因此，我们需要增加一个判断，观察用户是否对形参进行赋值：

```python
def new_list(item, list_=None):
    if list_ is None:
        list_ = []
    list_.append(item)
    print(list_)

new_list(1)
new_list(2, [1])
```

以下是样例输出：

```
[1]
[1, 2]
```

6.1.2.5 收集参数

当函数需要接受不定参数的时候可以使用收集参数 "*"，以一个加法程序为例：

```python
def sum_(*args):
    _sum = 0
    for i in args:
        _sum += i
    print(_sum)

sum_(1, 2, 3, 4, 5, 6, 7)
```

以下是样例输出：

```
28
```

使用上述代码，我们就可以写出我们自己的 sum() 函数了。那么收集参数 "*" 是什么原理呢？其实就是把输入的参数当成元组传入函数内部：

```python
def sum_(*args):
    print(args)
    _sum = 0
    for i in args:
        _sum += i
    print(_sum)

sum_(1, 2, 3, 4, 5, 6, 7)
```

以下是样例输出：

```
(1, 2, 3, 4, 5, 6, 7)
28
```

还有一种收集参数，是使用关键词参数的方式，但是个数不确定、名称不确定，其书写方式如下：

```
def sum_(**kwargs):
    print(kwargs)
    _sum = 0
    for i in kwargs.values():
        _sum += i
    print(_sum)

sum_(first=1, second=2, third=3, fourth=4, fifth=5, sixth=6, seventh=7)
```

以下是样例输出：

```
{'first': 1, 'second': 2, 'third': 3, 'fourth': 4, 'fifth': 5, 'sixth': 6, 'seventh': 7}
28
```

"*"和"**"两种收集参数的区别就是是否有关键字引导，如果没有关键字引导则需要使用"*"，如果有关键字引导则需要使用"**"。

两种收集参数均可以同时使用：

```
def sum_(*args, **kwargs):

    print(args)
    print(kwargs)

    _sum = 0
    for i in args:
        _sum += i
    for i in kwargs.values():
        _sum += i

    print(_sum)

sum_(1, 2, 3, fourth=4, fifth=5, sixth=6, seventh=7)
```

以下是样例输出：

```
(1, 2, 3)
{'fourth': 4, 'fifth': 5, 'sixth': 6, 'seventh': 7}
28
```

两种收集参数同时使用的情况下，还可以使用位置参数：

```
def sum_(first, *args, **kwargs):
```

```
    print(args)
    print(kwargs)

    _sum = 0
    _sum += first
    for i in args:
        _sum += i
    for i in kwargs.values():
        _sum += i

    print(_sum)

sum_(1, 2, 3, fourth=4, fifth=5, sixth=6, seventh=7)
```

以下是样例输出：

```
(2, 3)
{'fourth': 4, 'fifth': 5, 'sixth': 6, 'seventh': 7}
28
```

在这样的情况下，位置参数依然遵循位置参数的原则，剩下的交给收集参数进行处理。

6.1.2.6 * 的作用

在之前，读者已经接触过"*"的一些用法了，作为乘号，以及作为收集参数的引导符号。

那么为何这里又再次提及"*"呢？原因是该符号在函数中还有一个作用。

让我们还是从例子入手：

```
def hello(name, *, number=1):
    greeting = f'Hello {name.title()}, you are NO.{number}'
    print(greeting)

names = ['queensbarry', 'Li Z. L.', 'Liu Y.']
for index, name in enumerate(names, 1):
    if index == 1:
        hello(name)
    else:
        hello(name, index)
```

以下是样例输出：

```
Hello Queensbarry, you are NO.1
TypeError: hello() takes 1 positional argument but 2 were given
```

对比上述例子，再看如下例子：

```
def hello(name, *, number=1):
    greeting = f'Hello {name.title()}, you are NO.{number}'
    print(greeting)

names = ['queensbarry', 'Li Z. L.', 'Liu Y.']
for index, name in enumerate(names, 1):
    if index == 1:
        hello(name)
    else:
        hello(name, number=index)
```

以下是样例输出:

```
Hello Queensbarry, you are NO.1
Hello Li Z. L., you are NO.2
Hello Liu Y., you are NO.3
```

第一个例子中，Python 解释器给我们抛出了一个 TypeError，并且提示的内容是只需要一个位置参数，但是给了两个位置参数，这是怎么回事呢？

原因就在于"*"的使用，当在程序中加入该符号时，使用该符号后的参数均需要以关键字参数的方式调用，以保证调用的正确。那么此时使用该符号可以提醒使用者，对应参数的名称以及作用。

6.1.3 函数的返回值

上述我们所构造的函数存在输入，并且直接将结果在函数中使用 print() 语句进行展示。但是不是所有函数都需要这样，在函数中进行展示就完成工作了。很多时候需要将一些值传到函数外，传给调用者进行其他处理。

那么在 Python 的函数中，可以使用 return 语句来完成将内容传给调用者。在之前的内容中，参数被认为是函数的输入，那么 return 就被认为是函数的输出。

```
def hello(name, *, number):
    greeting = f'Hello {name.title()}, you are NO.{number}'
    return greeting

names = ['queensbarry', 'Li Z. L.', 'Liu Y.']
greeting_list = list()
for index, name in enumerate(names, 1):
    content = hello(name, number=index)
    greeting_list.append(content)

print(greeting_list)
```

以下是样例输出:

```
['Hello Queensbarry, you are NO.1', 'Hello Li Z. L., you are NO.2',
'Hello Liu Y., you are NO.3']
```

从上述例子可以看到，我们将在函数中构造的字符串转交给了调用者，并使用变量 content 来承接函数的返回值，接着再进行其他操作。

6.1.4 函数文档

函数文档用来标记函数的功能，其中包含对函数参数的说明，以及返回值的说明。在大型项目开发时，函数文档还应包括版本号、作者、修订日期等所需溯源的信息。

函数文档包含在函数内部，不影响函数的输入和输出，只是作为标记使用，以让使用者了解使用方法。函数文档使用多行字符串的方式进行书写。以下为书写样例：

```python
def hello(name, *, number):
    '''
    :version: 1.0.1
    :author: Queensbarry
    :modified: 2019-01-01 12:00
    该函数用于向给定名字的人问好，并且返回它的次序。
    :param name: str 问好对象姓名
    :param number: int 问好次序
    :return: str 问好语句
    '''
    greeting = f'Hello {name.title()}, you are NO.{number}'
    return greeting


names = ['queensbarry', 'Li Z. L.', 'Liu Y.']
greeting_list = list()
for index, name in enumerate(names, 1):
    content = hello(name, number=index)
    greeting_list.append(content)

print(greeting_list)
```

以下是样例输出：

```
['Hello Queensbarry, you are NO.1', 'Hello Li Z. L., you are NO.2',
'Hello Liu Y., you are NO.3']
```

笔者建议在大型函数中要书写函数文档，以及增加相应的注释语句，以增加代码的可读性。

那么在代码中如何查看函数的帮助文档呢？相信读者应该还对 help() 函数有一定的印象：

```python
def hello(name, *, number):
    '''
    :version: 1.0.1
```

```
    :author: Queensbarry
    :modified: 2019-01-01 12:00
    该函数用于向给定名字的人问好,并且返回它的次序。
    :param name: str 问好对象姓名
    :param number: int 问好次序
    :return: str 问好语句
    '''
    greeting = f'Hello {name.title()}, you are NO.{number}'
    return greeting

print(help(hello))
```

以下是样例输出:

```
Help on function hello in module __main__:

hello(name, *, number)
    :version: 1.0.1
    :author: Queensbarry
    :modified: 2019-01-01 12:00
    该函数用于向给定名字的人问好,并且返回它的次序。
    :param name: str 问好对象姓名
    :param number: int 问好次序
    :return: str 问好语句
```

除 help() 函数外,还有另一种方式可以查看函数文档:

```
def hello(name, *, number):
    '''
    :version: 1.0.1
    :author: Queensbarry
    :modified: 2019-01-01 12:00
    该函数用于向给定名字的人问好,并且返回它的次序。
    :param name: str 问好对象姓名
    :param number: int 问好次序
    :return: str 问好语句
    '''
    greeting = f'Hello {name.title()}, you are NO.{number}'
    return greeting

print(hello.__doc__)
```

以下是样例输出:

```
:version: 1.0.1
:author: Queensbarry
:modified: 2019-01-01 12:00
```

```
该函数用于向给定名字的人问好，并且返回它的次序。
:param name: str 问好对象姓名
:param number: int 问好次序
:return: str 问好语句
```

6.2 函数中的变量

在 3.1 节，我们已经了解过变量，但是为何此处专门提出"函数中的变量"呢？原因在于其变量的特殊性，一般函数的变量在函数外部是无法访问的，以保证函数的独立性。但是有时候函数需要借助函数外部已定义好的常量进行计算。因此，在此需要特别讲述"函数中的变量"。

6.2.1 局部变量

在函数的定义过程中，定义在函数体内部的变量称为局部变量。例如，之前使用过的 hello 函数中的 greeting 这个变量，就是在定义 hello 函数时才写出的变量，并且从缩进的层级看，它属于 hello 函数内部。因此，greeting 属于局部变量。

```
def hello(name, *, number):
    '''
    :version: 1.0.1
    :author: Queensbarry
    :modified: 2019-01-01 12:00
    该函数用于向给定名字的人问好，并且返回它的次序。
    :param name: str 问好对象姓名
    :param number: int 问好次序
    :return: str 问好语句
    '''
    greeting = f'Hello {name.title()}, you are NO.{number}'
    return greeting
```

局部变量只能在定义它的函数的内部时使用，如果超出了函数范围，其值将无法访问：

```
def hello(name, *, number):
    '''
    :version: 1.0.1
    :author: Queensbarry
    :modified: 2019-01-01 12:00
    该函数用于向给定名字的人问好，并且返回它的次序。
    :param name: str 问好对象姓名
    :param number: int 问好次序
    :return: str 问好语句
    '''
    greeting=f'Hello {name.title()}, you are NO.{number}'
    return greeting
```

```
hello('Queensbarry', number=1)
print(greeting)
```

以下是样例输出：

```
NameError: name 'greeting' is not defined
```

上述程序运行时，Python 解释器为我们抛出了 NameError，说明在函数外部无法访问函数内部的局部变量。

6.2.2 全局变量

全局变量就是在任何位置都可以使用的一个变量。笔者建议只使用常量值作为全局变量，因为如果用一些可变的值作为全局变量，会造成程序结构的混乱，可读性降低。

首先，需要向读者说明的是，在 Python 中，是没有严格意义上的常量。但是根据 PEP8 代码风格，命名常量时需要使用全大写命名，并且多个单词连接的地方需要使用下划线。所以当我们看到全大写时，可认为该变量为常量，不修改它的值。常量一般定义在顶格的位置，以保证其下所有函数均能使用。

接着，我们来看一个使用常量作为全局变量的案例：

```
PI = 3.14159265359

def area(r):
    '''
    计算圆的面积
    :param r: float 圆的半径
    :return: float 圆的面积
    '''
    return PI * r**2

s = area(5)
print(s)
```

以下是样例输出：

```
78.53981633975
```

现在，我们一起来看以下例子，这一次将变量 r 定义在函数外部：

```
PI=3.14159265359
r=5

def area():
    '''
    计算圆的面积
    :param r: float 圆的半径
```

```
    :return: float 圆的面积
    '''
    return PI * r**2
s = area()
print(s)
```

以下是样例输出:

```
78.53981633975
```

依旧是获得正常输出,如果我们在函数中重新定义一个 r 会发生什么事情呢?

```
PI = 3.14159265359
r = 5

def area():
    '''
    计算圆的面积
    :param r: float 圆的半径
    :return: float 圆的面积
    '''
    r = 6
return PI * r**2

s = area()
print(s)
```

以下是样例输出:

```
113.09733552924
```

变量能够获得正常的修改,那么我们接下来就分别在函数内部和函数外部打印变量 r 的值:

```
PI=3.14159265359
r=5

def area():
    '''
    计算圆的面积
    :param r: float 圆的半径
    :return: float 圆的面积
    '''
    r = 6
    print(r)
```

```
    return PI * r**2
s=area()
print(s)
print(r)
```

以下是样例输出：

```
6
113.09733552924
5
```

此时，我们会发现问题，当我们在函数内修改变量 r 的值的时候，为何没有真正得到修改呢？这是由于变量的作用域不同，此时我们需要在函数内部进行声明，说明此时使用的值为外部的全局变量：

```
PI = 3.14159265359
r = 5

def area():
    '''
    计算圆的面积
    :param r: float 圆的半径
    :return: float 圆的面积
    '''
    global r
    r = 6
    print(r)

    return PI * r**2
s = area()
print(s)
print(r)
```

以下是样例输出：

```
6
113.09733552924
6
```

此时，增加了 global 关键字后，在函数中修改了全局变量的值。但是，笔者不建议使用该关键字，原因是该关键字会破坏程序的结构。

6.2.3 变量作用域

在理解变量作用域以前，我们先来回顾一个程序：

```
PI = 3.14159265359
r = 5

def area():
    '''
    计算圆的面积
    :param r: float 圆的半径
    :return: float 圆的面积
    '''
    r = 6
    print(r)

    return PI * r**2

s = area()
print(s)
print(r)
```

为什么在函数内部输出变量 r 时为 6，而在函数外部输出变量 r 时为 5 呢？其实很明显，因为 r 是在函数外部定义的，属于全局变量的一种，但是在函数中定义时为局部变量，仅仅在函数内生效。由上，在函数内外部虽然都存在同一个名字的变量，但是同一个名字的变量并非同一个变量，因此它们的值不同，这就是变量作用域。

变量作用域是指在程序中已经定义的变量在多大范围内程序能够访问到它。在函数内部声明的变量，在函数外部是否能够访问；在模块中声明的变量，在函数内部是否能够访问？这些都是变量作用域需要解决的问题。

总而言之，在函数内部声明的变量不能被函数外部访问，因为函数内部声明的变量为局部变量，其作用域仅限于函数内部。

6.3 函数式编程

函数式编程 (functional programming)，虽然是一种面向过程的程序设计的方式，但使用上其思想更接近于科学计算。

函数是大多数编程语言都支持的一种集合代码的形式，旨在将长篇幅的代码，根据功能拆分成很多个小部分的代码，并且给予它们名字，再通过名字层层调用，使复杂任务简单化，这种分解可以称为面向过程的程序设计。在此之中，函数就是面向过程的程序设计的基本单位。

函数式编程是一种编程方式，它将电脑运算视为函数的计算。函数编程语言最重要的基础是 λ 演算 (lambda calculus)，而且演算的函数可以作为一个函数的输入参数，也可以作为另一个函数的返回值。

因此，对于任意一个函数，只要输入是确定的，输出就是确定的，这种纯函数是没有副作用的。而对于 Python 语言，允许使用一个函数作为另一个函数的输入参数，就会造成函数内部的变量状态不确定,因此即使是同样的输入,也可能得到不同的输出,此时这种函数是有副作用的。

6.3.1 高阶函数

一个函数将一个函数作为另一个函数的参数传入,这样的函数就称为高阶函数(higher-order function)。

有了高阶函数的概念,以下我们将通过例子来理解高阶函数。

(1) 变量可以代表一个函数

```
# 正常地使用一个BIF
a = sum([1, 2, 3])
print(a)

# 使用一个BIF,仅书写函数名
a = sum
print(a)
```

以下是样例输出:

```
6
<built-in function sum>
```

在上述程序中,我们使用了一个变量 a 来表示 sum 。根据输出,此时变量 a 也是一个函数,其实在编程术语中我们称之为"变量 a 指向了 sum 函数"。

既然此时 a 是一个函数,那么是否可以正常调用呢?

```
a = sum
print(a)

b = a([1, 2, 3])
print(b)
```

以下是样例输出:

```
<built-in function sum>
6
```

(2) 作为参数传入另一个函数

既然变量可以指向函数,那么也可以作为变量传入其他函数。

```
def add(a, b, f):
    return f(a) + f(b)

f=sum
a=[1, 2, 3]
b=[2, 3, 4]
```

```
print(add(a, b, f))
```

以下是样例输出：

```
15
```

将一个函数作为另一个函数的参数传入，这样的函数就称为高阶函数，函数式编程就是这种高度抽象的编程范式。

6.3.2 闭包

高阶函数除了可以接受函数作为参数外，还可以返回一个函数：

```
def new_abs(number):
    def abs_():
        if a < 0:
            a = a * (-1)
        return a
    return abs_

f = new_abs(-1)
print(f)
```

以下是样例输出：

```
<function new_abs.<locals>.abs_ at 0x03683FA8>
```

此时返回的还是一个函数，需要我们再次调用以后才能获得真正的结果：

```
def new_abs(number):
    def abs_():
        value = number
        if value < 0:
            value = value * (-1)
        return value
    return abs_

f = new_abs(-5)
print(f())
```

以下是样例输出：

```
5
```

如果相关变量、参数都保存在返回的函数中，那么这种结构被称为"闭包"(closure)，但是在闭包函数书写的过程中需要注意的是：返回函数不要引用任何循环变量，或者后续会发生变化的变量。

6.3.3 装饰器

关于装饰器的内容，请读者先行阅读以下代码：

```
import time

def time_it(method):
    def timed(*args, **kw):
        start_time = time.time()
        method(*args, **kw)
        end_time = time.time()
        print(f'{method.__name__} method took {end_time - start_time}sec')
        return result
    return timed

@time_it
def sleep():
    time.sleep(1)

sleep()
```

以下是样例输出：

```
sleep method took 1.0006258487701416 sec
```

装饰器的作用是增强调用函数的功能，在书写完成后使用"@"符号加装饰器名称进行调用。装饰器仅仅用于增强调用函数的功能，而不会修改调用函数的本身。

上述程序是一个对被调用函数进行计时的一个例子。装饰器的外层输入接受的参数是被调用的函数对象 method，内层函数是真正的计时函数。首先获取开始时间，而后正常调用该函数，完成后获取结束时间，接着打印所需时间。

被调用函数就在内层函数中被使用，完成后也随之获得使用时间。该装饰器可以使用到多个函数中去，而不用单独将计时的脚本放置到每个函数中去，否则将使得代码过于累赘。

6.3.4 lambda

lambda 是指匿名函数，在函数体过于简单，不方便使用关键字 def 定义函数的时候，可以使用 lambda 匿名函数的形式定义一个函数。

lambda 函数的一般形式是关键字 lambda 后面跟一个或多个参数，紧跟一个冒号，往后由一个表达式组成。lambda 是一个表达式而不是一个语句。它能够出现在 Python 语法不允许 def 出现的地方。作为表达式，lambda 返回一个值。

lambda 函数的一般使用形式如下：

```
f=lambda x, y, z: x+y+z
print(f(1, 2, 3))
```

以下是样例输出：

```
6
```

但是，在 PEP8 中并不建议将匿名函数直接赋值给一个变量，因为这样做还不如直接使用 def 来定义函数。

匿名函数主要与 map() 函数、reduce() 函数等联合使用，以保证代码的清晰可读。

6.3.5 常用函数

6.3.5.1 map()

map() 函数会根据所提供的函数对指定的已存在序列做映射，从而生成一个新的序列。以下是 map() 函数的使用方法：

```
map(func, iterable, ...)
```

其中，参数 func 将 interable 参数序列中的每一个元素调用 func 函数，返回调用 func 函数后的新列表。

以下是样例输入：

```
def square(x):
    return x**2

result = map(square, [0, 1, 2, 3, 4, 5])
print(result)
print(list(result))
```

以下是样例输出：

```
<map object at 0x03545E90>
[0, 1, 4, 9, 16, 25]
```

map() 函数的返回值是一个 map 对象，但是此对象是一个可转化为序列的对象，因此使用 list 进行序列化，最后才能看到真正结果。

在上述程序中，square 函数在功能上比较简单，可以使用匿名函数代替，以简化代码：

```
result = map(lambda x: x**2, [0, 1, 2, 3, 4, 5])
print(result)
print(list(result))
```

以下是样例输出：

```
<map object at 0x03545E90>
[0, 1, 4, 9, 16, 25]
```

使用匿名函数替换后，依旧能够达到原来的效果，并且代码更加简单。

6.3.5.2 reduce()

reduce() 函数的作用是对参数序列中元素进行累积运算。以下是 reduce() 函数的使用方法：

```
reduce(func, iterable[, initializer])
```

reduce() 函数将一个序列中的所有数据进行下列操作：用传给 reduce() 函数的 func 先对集合中的前两个元素进行操作，所得到的结果再与第三个数据使用 func 函数进行运算，最后得到一个结果。

以下是样例输入：

```
from functools import reduce

def times(x, y):
    return x * y

result = reduce(times, [1, 2, 3, 4, 5])
print(result)
```

以下是样例输出：

```
120
```

在上述程序中，times 函数在功能上比较简单，可以使用匿名函数代替，以简化代码：

```
from functools import reduce

result = reduce(lambda x, y: x * y, [1, 2, 3, 4, 5])
print(result)
```

以下是样例输出：

```
120
```

6.3.5.3 filter()

filter() 函数用于序列的过滤。filter() 函数把列表中的元素依次传入函数，再根据返回值是 True 还是 False 决定保留还是丢弃该元素。以下是 filter() 函数的使用方法：

```
filter(func, iterable)
```

以下是样例输入：

```
import math

result = filter(lambda x: math.sqrt(x) % 1 == 0, range(1, 101))
print(result)
print(list(result))
```

以下是样例输出:

```
[1, 4, 9, 16, 25, 36, 49, 64, 81, 100]
```

上述例子用于输出 1~100 的完全平方式。例子中先使用 range() 函数生成序列，再使用匿名函数作用于序列的每一个值，从而得到 filter 对象，最后通过序列化得到最终结果。

6.3.5.4 sorted()

sorted() 函数在讲述列表的过程时已经进行过详细介绍，此处主要是结合匿名函数做进一步的讲解，以下是使用匿名函数的 sorted() 函数:

```
a = [('B', 2), ('A', 1), ('C', 3), ('D', 4)]
print(sorted(a, key=lambda x: x[1]))
```

以下是样例输出:

```
[('A', 1), ('B', 2), ('C', 3), ('D', 4)]
```

6.3.6 偏函数

Python 也为我们提供了偏函数运算的支持，但是此处的偏函数，有别于数学概念中的偏函数。

在 Python 中，函数执行时要带上所有必要的参数进行调用，但是，有时参数可以在函数被调用之前提前获知。这种情况下，一个函数有一个或多个参数预先就能用上，以便函数能用更少的参数进行调用。

语言上可能比较难以叙述出偏函数的意义，但是通过以下代码相信读者应该能够理解:

```
from functools import partial

bin2dec = partial(int, base=2)
print(bin2dec('0b10001'))
print(bin2dec('10001'))

hex2dec = partial(int, base=16)
print(hex2dec('0x67'))
print(hex2dec('67'))
```

以下是样例输出:

```
17
17
103
103
```

6.4 递 归

什么是递归呢？简单来说，在 Python 中，就是在一个函数当中再调用自己，循环调用自己。

以下是一个最简单的例子：

```
def loop(n):
    print(n)
    loop(n + 1)

loop(0)
```

以下是样例输出：

```
0
1
2
3
...
978
RecursionError: maximum recursion depth exceeded while pickling an object
```

上述错误是什么呢？上述错误是一个递归的最大次数的限制，因为递归不可能无限地进行下去，如果无限地进行下去，将导致计算机"死机"。因此需要有一个最大递归数控制，这个值可以使用以下语句修改：

```
import sys

# 将递归次数最大限制为1500次
sys.setrecursionlimit(1500)
```

现在，我们以一个计算 n 的阶乘的程序作为例子展示。$n! = n \times (n-1) \times (n-2) \times \cdots \times 1$ 的示例程序为

```
def factorial(n):
    if n == 1:
        return 1
    else:
        return n * factorial(n - 1)

res = factorial(1)
print(res)

res = factorial(6)
print(res)
```

以下是样例输出：

```
1
720
```

由上述几个例子可以看出，递归有几个特性：① 必须要有一个明确的结束条件，即退出函数的条件，否则就变成死循环导致栈溢出；② 每次进入更深一层递归时，问题规模相比上次递归有所减少；③ 递归效率比较低，递归层次过多会导致栈溢出。

6.5 迭 代 器

在开始使用迭代器之前，需要明确一下迭代与迭代器的概念。迭代是访问序列元素的一种方式。迭代器是一个可以记住遍历的位置的对象。迭代器对象从集合的第一个元素开始访问，直到所有的元素被访问完结束。迭代器只能向前访问下一个元素，不能后退至某个已出现过元素的位置。

如何判断一个对象是否可迭代：

```
from collections import Iterable

print(isinstance(list(), Iterable))
print(isinstance(dict(), Iterable))
print(isinstance(set(), Iterable))
print(isinstance('123', Iterable))
print(isinstance((x for x in range(6)), Iterable))
print(isinstance(100, Iterable))
```

以下是样例输出：

```
True
True
True
True
True
False
```

(1) iter()

如果一个对象，可以使用 next 进行调用，那么这个对象就被称为迭代器。读者需要区别迭代器 (iterator) 和可迭代 (iterable) 对象，如 list、dict 等是可迭代对象，但不是迭代器。关于迭代器和可迭代对象，有如下总结：① 可使用 for 语句的对象都是可迭代对象；② 可使用 next() 函数的对象都是迭代器；③ 使用 iter() 函数，可将一个可迭代对象变为一个迭代器。

```
from collections import Iterable
```

第6章 函　　数

```
# 可迭代对象
a=[1, 2, 3, 4, 5]

# 转化为迭代器
a=iter(a)

# 使用next()调用迭代器
print(next(a))
print(next(a))
print(next(a))
```

(2) yield

讲述关于 yield 关键字，那就需要引入经典案例——斐波那契数列：

```
def fab(max):
    n, a, b = 0, 0, 1
    while n < max:
        print(b)
        a, b = b, a + b
        n=n + 1

fab(5)
```

以下是样例输出：

```
1
1
2
3
5
```

但是在当所需数字很大时，需要一次完成计算后才能够退出函数，此时时间太久，效率太低，如果能够像迭代器一样，一次输出一个数，那么就会非常方便。

改写上述函数为迭代器形式，其实也比较方便，只需要替换一个语句即可：

```
def fab(max):
    n, a, b = 0, 0, 1
    while n < max:
        yield b
        a, b = b, a + b
        n = n + 1

for i in fab(5):
    print(i)
```

以下是样例输出：

```
1
1
2
3
5
```

第 7 章 类 和 对 象

一般程序初学者在学习 Python 编程语言的时候，会被类和对象这些概念弄得头昏脑涨，而读者平时在阅读程序的时候又离不开关于类和对象的程序。因此，在本章当中需要读者了解：① 什么是类；② 什么是对象；③ 类和对象有什么区别与联系；④ 如何使用编写类以及如何使用对象进行程序编写。

使用类抽象出事物出现的逻辑的编程书写方法称为面向对象编程。面向对象编程本质是以建立模型体现出来的抽象思维过程和面向对象的方法。

面向对象编程是一种程序编程的方式，其基本原则是计算机程序由单个能够起到辅助作用的子程序单元或者类组成。之所以使用面向对象编程的原因是达到软件工程的三个主要目标：重用性、灵活性和拓展性。实质上：

$$面向对象编程 = 类对象 + 继承 + 多态 + 消息$$

在面向对象编程中，最重要的就是类，基本上其他的内容都是根据类进行构建与使用的，因此弄清类的作用与编程方法是关键。

但对于初学者来说，这些概念相对晦涩难懂，读者不妨先大致浏览，待完成本章的学习后，再回到此处重新阅读。到那个时候，阅读上述内容，理解会加深许多。

面向对象编程有三个主要的特点：

1) 封装性。封装是指将计算机系统中的数据以及处理这些数据的方法组装到一起，装在一个自定义的容器当中，也就是一个类当中，为整体软件有相关的部件具有的模块提供良好的基础。封装最基本的单位实质上就是类，类也是实现"高内聚，低耦合"这个软件设计基本目标的重要途径。

2) 继承性。继承性是面向对象编程的另一个重要的特点，其是指两种或两种以上的类的区别与联系。从名称上看，继承是继承者延续被继承者的某些特点与方法，但在继承的过程中进行"本地化"，也就是进行内化的一个过程。

3) 多态性。站在宏观的角度上看，多态性是指在面向对象技术中，当不同的多个对象同时接收到同一个完全相同的消息之后，表现出来的动作不尽相同，具有多种形态。但站在微观的角度上看，多态性是指在一组对象的一个类中，即使调用方式和调用名称相同，但由于不同输入所造成的表现不同。

7.1 什么是类

类是面向对象编程当中一定会接触到的概念，也是面向对象编程的基础。类是现实生活当中具有相同特征的事物进行抽象的过程。

类可以形象地理解为一张施工图纸。在这张施工图纸当中，描述了一个宏伟建筑的每一个细节的基本构架，包括这栋建筑盖多少层，每一层的功用。总的来说，这张施工图包含了所有的建造信息，只要施工人员对照着这张施工图纸进行施工即可。

在程序设计当中，类内部就是封装了属性和方法，用于表现类的特征，处理类内部的事物。

一个类包括成员属性和成员方法。成员属性就是类当中的数据对应的属性；成员方法则用于操作各项成员属性，同时这也是类的一个特有操作。

7.2 什么是对象

对象是数据封装形成的实体，对象是类的实例化。对象的基础就是类，对象是类的一个实例。在现实生活中，每个实体都是对象，如建筑物、汽车、人等，这之中有活物也有物体，但总的来说就是"一切事物皆为对象"。在面向对象编程的程序设计方法中，同样是"一切事物皆为对象"，对象是系统中的基本运行规律。

对象可以形象地理解为是由施工图纸 (类) 对应修建起来的建筑物，根据施工图纸描述的建造形式、建造方法进行实际建设。

7.3 使用类和对象

上面介绍了那么多的理论内容，下面我们来讨论如何在 Python 中书写类和使用类实例化后的对象。

7.3.1 创建类

在 Python 中定义类的方式是使用关键字 class 进行定义，定义格式如下：

```
class <类名>:

    <类属性> = <类属性名称>

    def <类方法名称>(self, <方法参数>):
        <方法实现>
```

通过上述的伪代码读者并不好理解 class 的创建，接下来我们通过一个实例来讲解类的创建：

```
class Building:

    # 类属性，默认建设为白色的建筑，完成状态为未完成
    color='white'
    complete=False

    def build(self):
        """
```

```
        建造函数
        """
        if not self.complete:
            print('Building!')
            # 使用self.更改成员变量的值
            self.complete = True
        else:
            print('Building has completed!')

    def change_color(self, color):
        """
        更换建筑颜色
        :param color: 需要改变的颜色
        """
        # 使用self.更改成员变量的值
        self.color = color
```

上述代码描述了一个简单的建筑，首先通过 class 关键字定义一个名为 Building 的类（关于类的命名，在 PEP8 规则中推荐使用驼峰命名法，即单词首字母大写的方案），并且在该类的类属性位置填写默认的颜色与建造状态，此处定义的内容在类中任何一个方法均可以被使用以及修改。紧接着我们定义两个成员方法 build 与 change_color，在此当中如果需要改变变量的值则使用 self 方法并且添加变量的名称后即可按照之前变量赋值的形式进行赋值即可。

在上述代码中，有的读者可能对定义成员方法的 self 疑惑比较大。首先 self 是"本身、自己"的意思，增加这个 self 的原因是标明该函数的调用依附于类本身，需要将类实例化为对象后才可以进行成员函数的调用。

以上就是类最基本的创建方式，在之后的应用中，我们还将增加其他使用方法。

7.3.2 创建对象

创建对象的方式和变量赋值的方式如出一辙：

```
class Building:

    # 类属性，默认建设为白色的建筑，完成状态为未完成
    color='white'
    complete=False

    def build(self):
        """
        建造函数
        """
        if not self.complete:
            print('Building!')
            # 使用self.更改成员变量的值
```

```
            self.complete=True
        else:
            print('Building has completed!')

    def change_color(self, color):
        """
        更换建筑颜色
        :param color: 需要改变的颜色
        """
        # 使用self.更改成员变量的值
        self.color=color


# 创建一个新的对象
building=Building()
```

根据上述代码能够获知，我们定义了一个新的名为 building 的变量，但与普通变量不同的是，它并不是我们平时熟知的诸如 int、float、dict 等的数据结构。这个赋值的内容就是我们之前定义的名为 Building 的类，通过简单的一句变量赋值的语句即可使用，需要注意的是，实例化时需要在类名称后加上小括号，这是很多初学者在进行简单的类实例化的时候经常会忘记的一个地方。那么有的读者可能就会问，这里非要添加一个小括号有什么作用呢？请读者不要着急，这个问题会在后文提及，此处只需要先将小括号当成一个实例化必要的占位符理解即可。

类是抽象的而对象是实例化的，那么我们同样可以通过一个类创建出很多个实例化的对象，并且这些对象之间互不影响，此时只需要给实例化的对象取不同的名字即可。

7.3.3 使用对象

上述实例化过程相当于我们将施工图纸拿到并且交给了施工方进行施工，那么施工方将如何建造呢？换言之就是如何使用我们已经创建了的新的对象：

```
class Building:

    # 类属性，默认建设为白色的建筑，完成状态为未完成
    color='white'
    complete=False

    def build(self):
        """
        建造函数
        """
        if not self.complete:
            print('Building!')
            # 使用self.更改成员变量的值
            self.complete=True
```

```
            else:
                print('Building has completed!')

    def change_color(self, color):
        """
        更换建筑颜色
        :param color: 需要改变的颜色
        """
        # 使用self.更改成员变量的值
        print(f'Old color: {self.color}')
        self.color=color
        print(f'New color: {color}')


# 创建一个新的对象
building=Building()

# 更改图纸上标定的颜色,换为绿色
building.change_color('green')

# 而后再进行建造
building.build()
```

以下是样例输出:

```
Old color: white
New color: green
Building!
```

以上就是对象的使用方式,就是在已经实例化的对象上使用并且增加成员函数的名称即可使用对象里的方法。需要注意的是,在成员函数中,第一个变量为 self 的情况下,表示该成员函数是实例方法,在实例化以后才可调用,否则不可调用,调用后会报错。

7.3.4 内置方法

Python 的类中有很多内置方法,以下将对常用的方法进行列举说明。在 Python 中,内置方法一律都是以两个下划线开头,两个下划线结尾的函数。

7.3.4.1 __init__()

__init__() 是 Python 面向对象编程中最常用的一个函数,是 initialization 的缩写,说明这是对象初始化时运行的一个函数。

我们将上述的 Building 函数进行改写,改写为当类实例化时来决定建筑的颜色的方式,代码实现如下:

```python
class Building:
    # 类属性，默认完成状态为未完成
    complete=False

    def __init__(self, color):

        self.color=color

    def build(self):
        """
        建造函数
        """
        if not self.complete:
            print('Building!')
            # 使用self.更改成员变量的值
            self.complete=True
        else:
            print('Building has completed!')

    def change_color(self, color):
        """
        更换建筑颜色
        :param color: 需要改变的颜色
        """
        # 使用self.更改成员变量的值
        print(f'Old color: {self.color}')
        self.color=color
        print(f'New color: {color}')

# 创建一个新的对象
building=Building('grey')

# 更改图纸上标定的颜色，换为绿色
building.change_color('green')

# 而后再进行建造
building.build()

# 再创建一栋新的建筑
building_new=Building('white')

# 再更改图纸上标定的颜色，换为黑色
building_new.change_color('black')
```

以下是样例输出：

```
Old color: grey
New color: green
Building!
Old color: white
New color: black
```

由上述代码我们可以观察到，两栋建筑的颜色的定义是在初始化函数 __init__()中完成的，该函数的使用情况是最广泛的，一般用于实例化类时对成员变量进行赋值，并且此方法的返回值必须为 None。

7.3.4.2 __new__()

__new__() 是 Python 类中真正的类构造方法，用于产生实例化对象，此时仅创建了对象，并没有进行成员属性的操作。重写 __new__() 可以控制对象的产生过程，此方法的返回值必须为一个对象。在类进行初始化的时候第一个调用的是此方法，我们可以进行以下验证：

```
class Test:
    def __new__(cls, *args, **kwargs):
        print('__new__()')
        return object.__new__(cls)

    def __init__(self):
        print('__init__()')


test = Test()
```

以下是样例输出：

```
__new__()
__init__()
```

可以看到，__new__() 方法是优先于 __init__() 方法执行的。

通过使用 __new__() 方法可以实现单例模式 (singleton pattern)。单例模式是一种设计模式，此模式的设计是为了一个类只有一个实例化对象，如果重复创建不会获得一个新的实例化对象，仅会将新的变量指向原有已经创建了的实例化对象，保证该类的实例化对象的唯一性。通过在类中重写 __new__() 方法，即可实现单例模式：

```
class Test:

    __instance=None

    def __new__(cls, *args, **kwargs):
        if not cls.__instance:
```

```
            cls.__instance=object.__new__(cls)
            return cls.__instance

test_1=Test()
test_2=Test()

print(id(test_1))
print(id(test_2))
```

以下是样例输出:

```
1482699322256
1482699322256
```

由上述样例可以看出,使用单例模式后创建的实例化对象均为同一个,因为它们在内存中的地址是一致的。如果不使用单例模式,结果如何呢?

```
class Test:
    pass

print(id(test_1))
print(id(test_2))
```

以下是样例输出:

```
1970960282400
1970960282456
```

此时两个实例化的对象在内存中的地址不一致,也就说明两个对象互不干扰,一个对象的操作将不会影响另一个对象的情况。

7.3.4.3 __del__()

__del__()函数一般用于对象被删除前进行资源释放的操作。

```
class Test:
    def __del__(self):
        print('Release!')


test = Test()
```

以下是样例输出:

```
Release!
```

有的读者可能会有疑问,为什么我没有手动进行对象的删除操作,对象会自动删除呢?原因是 Python 解释器在运行过程中,会自动识别对象的生命周期,在程序的上下文中，当对象没有被调用时，Python 解释器会自动释放该对象，因此解释器就会自行对对象进行删除。

7.3.4.4 __call__()

__call__() 函数赋予对象可被执行的能力，就如同函数一般，可以使用小括号直接进行调用。__call__() 函数在进行调用的时候可以传入参数，当然也可以返回某些执行结果。所以，我们可以使用 __call__() 函数来实例化对象以作为装饰器使用。

以下我们将实现一个函数参数个数的检查器，如果不满足规定个数，函数将无法执行。在此，我们先实现一个普通装饰器的版本：

```
def params_number_checker(number):
    def outer(func):
        def inner(*args, **kwargs):
            if len(args) != number:
                print('Fail!')
                return None
            return func(*args, **kwargs)
        return inner
    return outer


@params_number_checker(2)
def being_checked(*args):
    print('Check success.')


being_checked(1)
being_checked(1, 2)
being_checked(1, 2, 3)
```

以下是样例输出：

```
Fail!
Check success.
Fail!
```

上述代码完成了函数传入参数个数的检查器，但是写法并不优雅，我们可以使用 __call__() 函数结合类进行该装饰器的改写：

```
class ParamsNumberChecker:
    def __init__(self, number):
        self.number=number
        self.func=None

    def __call__(self, func):
        self.func=func
```

```
        def inner(*args, **kwargs):
            if len(args) != self.number:
                print('Fail!')
                return None
            return self.func(*args, **kwargs)
        return inner

@ParamsNumberChecker(2)
    def being_checked(*args):

print('Check success.')


being_checked(1)
being_checked(1, 2)
being_checked(1, 2, 3)
```

以下是样例输出：

```
Fail!
Check success.
Fail!
```

通过使用类中的 __call__() 函数，将装饰器的结构梳理得更加清楚，也更方便修改。

7.3.4.5 __str__() 和 __repr__()

从这两个内置函数的名字上看，都是为了显示对象的一些必要信息，方便开发者在编写程序时候的调试与查看。分为两个函数的原因是，__str__() 函数是在使用 print() 函数的时候将会调用的函数，而 __repr__() 函数将会在控制台输出时进行调用。总的来说，__str__() 函数用于用户展示，__repr__() 函数用于控制调试。

当我们在类方法中不对 __str__() 或者 __repr__() 函数进行覆写时，使用 print() 语句展示内容时将会有如下输入：

```
class Teacher:
    def __init__(self, name, age):
        self.name = name
        self.age = age


teacher = Teacher('Nicoles', 18)
print(teacher)
```

以下是样例输出：

```
<__main__.Teacher object at 0x00000252EB2C3390>
```

对于此种情况，如果我们想直接打印该对象的情况，获得的仅仅是对象在内存中的地址，那么我们如何将对象信息处理成我们所需并且能够看懂的内容呢？我们将代码进行如下改写：

```
class Teacher:
    def __init__(self, name, age):
        self.name = name
        self.age = age

    def __str__(self):
        return f'{self.__class__} Name: {self.name}. Age: {self.age}'

    __repr__ = __str__


teacher = Teacher('Nicoles', 18)
print(teacher)
```

以下是样例输出：

```
Name: Nicoles. Age: 18
```

将 __str__() 和 __repr__() 方法重写后，将获得一个友好的输出，并且这样的输出是可以进行自定义的。

7.3.4.6 __iter__() 和 __next__()

实质上重写类的这两个方法是为了实现一个类的迭代器，换言之就是将一个对象模拟为一个序列，以下运用实例来展示 __iter__() 和 __next__() 的使用。

实现一个自然数的类迭代器的例子：

```
class NumberIter:
    def __init__(self, max_number):
        self.max=max_number
        self.present=0

    def __iter__(self):
        return self

    def __next__(self):
        if self.present < self.max:
            self.present += 1
            return self.present
        else:
```

```
            # 在达到临界值时抛出错误
            raise StopIteration('Max!')

number=NumberInter(10)
for i in number:
    print(i)
```

以下是样例输出:

```
1
2
3
4
5
6
7
8
9
10
```

7.3.4.7　__getitem__()、__setitem__()、__delitem__()

在类中重写此方法，可将对象当成字典的 key-value 的形式使用，以下是实例展示:
class TeacherManager:

```
    teachers_list=list()
    teachers_dict=dict()

    def add(self, teacher):
        self.teachers_list.append(teacher)
        self.teachers_dict[teacher.name]=teacher

    def __getitem__(self, item):
        if isinstance(item, int):
            return self.teachers_list[item]
        elif isinstance(item, slice):
            start=item.start
            stop=item.stop
            return [student for student in self.teachers_list[start:stop]]
        elif isinstance(item, str):
            return self.teachers_dict.get(item, None)
        else:
            raise TypeError('Error!')
```

```
class Teacher:

    manager=TeacherManager()

    def __init__(self, name, age):
        self.name=name
        self.age=age
        self.manager.add(self)

    def __str__(self):
        return f'{self.__class__} Name: {self.name}. Age: {self.age}'

    __repr__=__str__


teacher_1=Teacher('Nicoles', 18)
teacher_2=Teacher('Queensbarry', 18)
teacher_3=Teacher('Lian', 18)

print(Teacher.manager[0])
print(Teacher.manager[-1])
print(Teacher.manager[1: 3])
print('---------')
print(Teacher.manager['Queensbarry'])
```

以下是样例输出：

```
Name: Nicoles. Age: 18
Name: Lian. Age: 18
[ Name: Queensbarry. Age: 18,  Name: Lian. Age: 18]
---------
Name: Queensbarry. Age: 18
```

7.3.4.8 __getattr__()、__setattr__()、__delattr__()

当使用 <object>.<atrribute name>的形式编写代码时，代码在运行时会触发对象的 __setattr__ 方法；当使用 del <object>.<atrribute name> 的形式编写代码时，代码在运行时会触发对象的 __delattr__ 方法；当使用 <object>.<no exists atrribute name> 方法访问一个不存在的属性时，代码在运行时会触发对象的 __getattr__ 方法，因为 __getattr__ 方法在属性查找中优先级是最低的。通过重写类的这三个方法，可以重新定义对象属性的访问、设置和删除。

```
class Teacher:
    def __getattr__(self, item):
```

```
            print('No exists.')
            return 'No exists.'

    def __setattr__(self, key, value):
        print('Set.')
        self.__dict__[key]=value

    def __delattr__(self, item):
        print('Delete.')
        if self.__dict__.get(item, None):
            del self.__dict__[item]


teacher=Teacher()
teacher.name='Queensbarry'
print(teacher.noexit)
del teacher.name
```

以下是样例输出：

```
Set.
No exists.
No exists.
Delete.
```

7.3.4.9 __getatrribute__()

__getatrribute__ 方法又可以理解为属性访问拦截器，换言之，就是在访问属性之前，首先会执行此方法，因为此方法是在属性查找执行顺序中，优先级最高的一个方法。以下是属性查找流程：

__getatrribute__ -> 对象字典 -> 类字典 -> 父类字典 -> __getattr__ -> 报错

我们使用实例来描述 __getatrribute__ 方法：

```
class Teacher:
    def __getattr__(self, item):
        print('Item Not Found')

    def __getattribute__(self, item):
        print('Truncation')
        if item == 'a':
            return True
        return super().__getattribute__(item)
```

```
teacher=Teacher()
print(teacher.a)
```

以下是样例输出：

```
Truncation
True
```

7.3.4.10 __enter__()、__exit__()

__enter__ 和 __exit__ 这两个方法在代码中即可使用 with 语句完成上下文管理，可自动使用上下文管理器完成相应任务。以下是代码说明：

```
class MySQLExecutor:
    def connect(self):
        print('Connect')

    def execute(self):
        print('Execute')

    def finish(self):
        print('Finish')

    def __enter__(self):
        self.connect()
        return self

    def __exit__(self, exc_type, exc_val, exc_tb):
        self.finish()


with MySQLExecutor() as mysql:
    mysql.execute()
```

以下是样例输出：

```
Connect
Execute
Finish
```

7.4 访问控制

Python 的类内部包括成员属性和成员方法。在 Python 中，可以通过简单的调用方式更改内部的数据：

```
class Teacher:
    def __init__(self, name, age):
        self.name = name
        self.age = age


teacher = Teacher('Queensbarry', 18)
print(teacher.name)

teacher.name = 'Nicoles'
print(teacher.name)
```

以下是样例输出:

```
Queensbarry
Nicoles
```

我们能够在对象外部通过简单的方式对对象的值进行改变，但是这样就无法很好地对对象内的变量进行很好的保护，就好比读者辛苦建造起来的房子并没有隐私性，内部的任何一个东西都能被外人所看见，相信读者不希望这样的情况发生。因此，对于类内的属性做出访问控制是有必要的。

在 Python 中，如果想让内部的属性不被外部访问，可以在不想被外部访问的属性前增加两个下划线 __。在 Python 中，如果使用两个下划线开头，这个变量就变为了私有变量，也就是这个变量只能在类内部进行调用且不能在类外部调用。

```
class Teacher:
    def __init__(self, name, age):
        self.__name = name
        self.__age = age


teacher = Teacher('Queensbarry', 18)
print(teacher.__name)
```

以下是样例输出:

```
AttributeError: 'Teacher' object has no attribute '__name'
```

通过上述案例，我们可以明显地看到，__name 这个变量已经被类内部隐藏起来，在类的外部是无法通过简单的调用来显示其值的。那么，当我们想获取 __name 这个属性值的时候，应该怎么办呢？最好的办法就是增加一个成员方法，该方法专门用于返回 __name 的值。

```
class Teacher:
    def __init__(self, name, age):
        self.__name = name
        self.__age = age

    def get_name(self):
        return self.__name


teacher = Teacher('Queensbarry', 18)
print(teacher.get_name())
```

在代码使用的情况下,还有一种需要对类中的变量进行重新赋值的操作,同样我们可以采用增加成员函数的方式,对内部的变量进行重新赋值操作。

```
class Teacher:
    def __init__(self, name, age):
        self.__name = name
        self.__age = age

    def get_name(self):
        return self.__name

    def set_name(self, name):
        self.__name = name


teacher = Teacher('Queensbarry', 18)
print(teacher.get_name())

teacher.set_name('Nicoles')
print(teacher.get_name())
```

以下是样例输出:

```
Queensbarry
Nicoles
```

这样我们便完成了一个简单的变量私有化的一个操作。通过这个例子,相信有的读者已经想到了一个问题,明明是原来能够通过简单访问与赋值的方式进行变量的操作,为什么要大费周折,增加两个函数来分别进行变量的访问与变量的修改呢?从传统的方式看,修改与访问的确很方便,但是当遇到类中的某些变量需要某些权限才能修改时,直接修改的方式看上去就不是非常方便。同时为了在数据改变和数据读取时进行变量的验证与处理,才增加了这样的方案进行编写。根据上述例子,我们修改名称时简单地做出一个参数校验,这样就能防止名字不为字符的情况:

```python
class Teacher:
    def __init__(self, name, age):
        self.__name = name
        self.__age = age

    def get_name(self):
        return self.__name

    def set_name(self, name):
        if not isinstance(name, str):
            raise ValueError('Name must be string.')
        self.__name = name


teacher = Teacher('Queensbarry', 18)
print(teacher.get_name())

teacher.set_name('Nicoles')
print(teacher.get_name())

teacher.set_name(123)
print(teacher.get_name())
```

以下是样例输出：

```
Queensbarry
Nicoles
ValueError: Name must be string.
```

由上述例子可以观察到，当我们尝试设置姓名为数字的时候，程序为我们抛出了 ValueError。如果我们直接使用简单赋值，我们将不会得到这类的错误，但如此往复，可能会对后来的程序调用产生不必要的麻烦。

在做成员属性的访问控制时，值得注意的是__ 开头的私有变量，但是由双下划线开头，并且由双下划线结尾的变量并不是私有变量，这类变量是特殊变量，是可以直接使用一般方式进行访问的。

有一个关键问题需要在此提出，书写私有变量固然能够很好地对成员属性做出访问控制，但是当前类作为父类时，子类就无法继承或者改写私有变量和私有方法。因此，为了能够让子类访问其父类定义的变量，我们将不使用双下划线开头，仅仅采用单下划线。这是一个约定俗成的做法，将单下划线开头的变量作为私有变量，虽然这样的变量命名方式可以使类的外部能够直接访问变量，但在访问以单下划线开头的变量时，需要有一定的思考再进行调用。

提到访问控制，在 Python 的类中就有一个装饰器不得不提——@property，这个是将上述 get_name() 与 set_name() 方法进行更加 "Pythonic" 的改造的情况。

将上述代码使用 @property 进行改造，样例如下：

```
class Teacher:
    def __init__(self, name, age):
        self.__name = name
        self.__age = age

    @property
    def name(self):
        return self.__name

    @name.setter
    def name(self, name):
        if not isinstance(name, str):
            raise ValueError('Name must be string.')
        self.__name = name


teacher = Teacher('Queensbarry', 18)
print(teacher.name)

teacher.name = 'Nicoles'
print(teacher.name)

teacher.name = 123
print(teacher.name)
```

以下是样例输出：

```
Queensbarry
Nicoles
ValueError: Name must be string.
```

通过上述代码的改造，原来的代码可读性更强，我们先观察一下类外部的做法，该做法其实可以看成对类属性进行操作，并且加上了一定的参数验证。上述代码中，在执行 teacher.name = 'Nicoles' 时就可以看成 **teacher.set_name**('Nicoles')。在类的内部，使用的函数就是带有 @name.setter 装饰器的名为 name 的函数。那么同样地，在代码中调用 teache.name 时，通过的就是类内部带有 @property 装饰器的名为 name 的函数。虽然这两个函数的名字一致，操作的变量也一样，但是使用的作用不一致，一个用于读取变量，一个用于设置变量。

7.5 @staticmethod 和 @classmethod

在 Python 的类当中实质上有三类方法：① 实例方法 (instance method)；② 静态方法 (static method)；③ 类方法 (class method)。

之前我们调用的方法实质都是实例化对象下的方法，即都需要先将对象实例化后，再通过"."符号调用对象之中定义的方法，我们无法在未实例的对象中调用方法。但是在 Python 的类中，还存在着静态方法和类方法。Python 中的类从本质上就是一个对象，如果需要直接使用这个对象，想将类作为参数传递到其他函数之中，但是又希望在实例之前就给外部提供一些功能，那么就可以使用静态方法和类方法。这两个方法的区别在于存在类的继承的情况下对多态的支持情况不同。

静态方法和类方法的理解较为困难，我们先从代码如何书写入手：

```python
def test(x):
    print(f'executing test({x})')


class Test:
    def instance_test(self, x):
        print(f'executing instance_test(self, {x})')

    @staticmethod
    def static_test(x):
        print(f'executing static_test({x})')

    @classmethod
    def class_test(cls, x):
        print(f'executing class_test(cls, {x})')


t = Test()
```

1) 对于上述三种方法，我们从以下几点来看它们的区别与联系：① instance_test 方法绑定的是 Test 对象的实例，因此需要通过 self 作为占位符后调用；② static_test 方法没有绑定的对象；③ class_test 方法绑定的是对象 Test 本身，因此需要通过 cls 作为占位符后调用。

运行以下代码即可发现，不同方法绑定的对象不同：

```python
def test(x):
    print(f'executing test({x})')


class Test:
    def instance_test(self, x):
        print(f'executing instance_test(self, {x})')

    @staticmethod
    def static_test(x):
        print(f'executing static_test({x})')
```

```
    @classmethod
    def class_test(cls, x):
        print(f'executing class_test(cls, {x})')
t=Test()
print(t.instance_test)
print(t.static_test)
print(t.class_test)
```

以下是样例输出:

```
<function test at 0x000002221E9FD1E0>
<bound method Test.instance_test of <__main__.Test object at 0
   x000002221EA5A080>>
<function Test.static_test at 0x000002221EA99AE8>
<bound method Test.class_test of <class '__main__.Test'>>
```

2) 调用情况。

对象	实例方法	静态方法	类方法
t = Test()	t.instance_test(x)	t.static_test(x)	t.class_test(x)
Test	不可用	Test.static_test(x)	Test.class_test(x)

实例方法可以通过实例调用,但是通过类调用会报错:

```
t.instance_test(1)
Test.instance_test(1)
```

以下是样例输出:

```
executing instance_test(self, 1)
TypeError: instance_test() missing 1 required positional argument: 'x'
```

出现此报错的原因是,程序解释器将数字 1 作为输入参数中的 self 理解,误以为这个数字就是类的实例,但是可以通过如下方式显式地调用实例方法 (不推荐):

```
Test.instance_test(t, 1)
```

以下是样例输出:

```
executing instance_test(self, 1)
```

静态方法通过类或者实例的方式均可进行调用:

```
t.static_test(1)
Test.static_test(1)
```

以下是样例输出：

```
executing static_test(1)
executing static_test(1)
```

类方法也可通过类或者实例的方式均可进行调用：

```
t.class_test(1)
Test.class_test(1)
```

以下是样例输出：

```
executing class_test(cls, 1)
executing class_test(cls, 1)
```

3) 是否涉及继承这一点需要在此先提出，以保证内容的完整性。子类将继承父类的静态方法，当子类调用该静态方法时，使用的是其父类的方法和属性。同时，子类将继承父类的类方法，当子类调用该类方法时，实质上使用的是其父类的方法和属性。

```
class A(object):
    X = 1
    Y = 2

    @staticmethod
    def calculate(*mixes):
        return sum(mixes) / 1

    @staticmethod
    def static_method():
        return A.calculate(A.X, A.Y)

    @classmethod
    def class_method(cls):
        return cls.calculate(cls.X, cls.Y)


class B(A):
    X = 3
    Y = 5

    @staticmethod
    def calculate(*mixes):
        return sum(mixes) / 2


b = B()
print(b.static_method())
print(b.class_method())
```

以下是样例输出：

```
3.0
4.0
```

7.6 @dataclass

@dataclass 这个装饰器是 Python 3.7 版本新增的一个装饰器，它用来修饰一个类，可以将 @dataclass 修饰的类简单地理解为"可有默认值的并且可以修改的元组"。@dataclass 所完成的操作是将 __repr__、__init__ 等方法自动添加到装饰类当中。我们一起通过以下例子来了解 @dataclass：

```python
from dataclasses import dataclass

@dataclass
class InventoryItem:
    '''库存商品项目'''
    name: str
    unit_price: float
    quantity_on_hand: int = 0

    def total_cost(self) -> float:
        return self.unit_price * self.quantity_on_hand
```

通过使用 @dataclass 能够自动增加下列方法：

```python
def __init__(
        self, name: str, unit_price: float,
        quantity_on_hand: int = 0)  - > None:
    self.name = name
    self.unit_price = unit_price
    self.quantity_on_hand = quantity_on_hand

def __repr__(self):
    return f'InventoryItem(
            name={self.name!r},
            unit_price={self.unit_price !r},
            quantity_on_hand={self.quantity_on_hand!r})'

def __eq__(self, other):
    if other.__class__ is self.__class__:
        return (
                self.name,
                self.unit_price,
                self.quantity_on_hand
```

```python
            ) == (
                other.name,
                other.unit_price,
                other.quantity_on_hand
            )
        return NotImplemented

    def __ne__(self, other):
        if other.__class__ is self.__class__:
            return (
                self.name,
                self.unit_price,
                self.quantity_on_hand
            ) != (
                other.name,
                other.unit_price,
                other.quantity_on_hand)
        return NotImplemented

    def __lt__(self, other):
        if other.__class__ is self.__class__:
            return (
                self.name, self.unit_price, self.quantity_on_hand
            ) < (
                other.name,
                other.unit_price,
                other.quantity_on_han
            )
        return NotImplemented

    def __le__(self, other):
        if other.__class__ is self.__class__:
            return (
                self.name,
                self.unit_price,
                self.quantity_on_hand
            ) <= (
                other.name,
                other.unit_price,
                other.quantity_on_hand
            )
        return NotImplemented

    def __gt__(self, other):
```

```
                if other.__class__ is self.__class__:
                    return (
                            self.name,
                            self.unit_price,
                            self.quantity_on_hand
                    ) > (
                            other.name,
                            other.unit_price,
                            other.quantity_on_hand
                    )
                return NotImplemented
    def __ge__(self, other):
            if other.__class__ is self.__class__:
                    return (
                            self.name,
                            self.unit_price,
                            self.quantity_on_hand
                    ) >= (
                            other.name,
                            other.unit_price,
                            other.quantity_on_hand
                    )
            return NotImplemented
```

使用 @dataclass 有以下好处：① 不使用 BaseClass 以及 metaclass，不影响代码的继承关系。被装饰的类依然可以像普通类一般进行继承等操作。② 使用 Fields 形式的类型注解，支持原生的类型检查，不侵入代码。

当使用 @dataclass 时，并且涉及被 @dataclass 装饰的类需要派生时，会按照 MRO(method resolution order) 的反顺序，对于每一个基类，将在基类找到的 fields 添加到顺序的一个 mapping 中。方法中这些参数是按照找到的顺序排的，如果前后两个子类有相同的变量，后来的子类中的变量将覆盖先前的变量，因此展现出的是后来的子类变量。我们可以通过阅读以下实例来加深认识：

```
@dataclass
class Base:
    x: Any = 15.0
    y: int = 0


@dataclass
class C(Base):
    z: int = 10
```

```
        x: int = 15

# 通过运行上述代码，最后生成的__init__函数如下
def __init__(self, x: int = 15, y: int = 0, z: int = 10)
# 值得注意的是: x、y的顺序是Base中的顺序, 但是C中的x是int类型,
# 覆盖了Base中的 Any
```

7.7 继 承

继承是面向对象编程中一个较为重要的概念。继承、多态、封装三者同为面向对象的三个基本的特征。继承可以使得子类拥有父类的属性以及方法，当然这些方法可以被重写、追加等。

当一个名为 B 的类继承自一个名为 A 的类时，我们就把 B 称为 A 的子类，相反，A 就为 B 的父类。对于 A 和 B 两个类，还有一种说法就是 "B 是 A 的超类"。

继承的子类拥有父类的属性和方法，从而在编写子类时，不需要再将相同的方法重写。当然，在继承父类以后，子类可以根据具体需要，重写或者追加所需方法，以保证类的可用性。

7.7.1 如何书写继承

在 Python 中如何书写继承呢？以下是一个继承的示例：

```
class Person:
    def __init__(self, name, age):
        self.name=name
        self.age=age

    def walk(self):
        print('Walking')

    def run(self):
        print('Running')


class Adult(Person):
    def __init__(self, name, age, job):
        super(Adult, self).__init__(name, age)
        self.job=job

    def work(self):
        print('Working')
```

```
class Baby(Person):
    def __init__(self, name, age):
        super(Baby, self).__init__(name, age)

    def run(self):
        print('I can not run.')
```

通过上述代码，我们可以非常清楚地理解三个类之间的关系。其中 Person 是最基础的类，因为它是 Adult 和 Baby 的父类，这两个类都是基于 Person 这个类进行书写的。通过在类名后增加括号，并且在括号中填写父类的名称，我们就能获得一个子类，其父类就是括号中填写的那个类。

7.7.2 子类中的__init__()

细心的读者可能发现了，在书写类时，__init__() 方法中出现了一个新的关键字 super，这是为什么呢？因为在创建子类的实例时，Python 解释器首先要做的就是完成给其父类赋值的任务，为了达到这一目的，在代码中用 super 关键字配合父类的 __init__() 完成这一工作。

若在定义子类时，其父类存在相应方法，则可不进行定义，因为子类将自动继承同名方法。但是，在继承父类以后，子类可以根据具体需要重写或者追加所需方法，以保证类的可用性。

我们仍然以上述代码为例。可以看到，在 Adult 这个类中，继承了 Person 以后，Adult 也就拥有了 name 和 age 两个属性。但是，在使用时发现，Adult 这个类需要有 job 这个属性，因而可以像之前定义类属性一样的操作，在 Adult 的 __init__() 函数中使用 self. 的方法对子类特有的属性进行定义。同理，子类的新方法的定义直接可以参照类方法的定义。

但是我们注意到，在 Baby 这个子类中，Baby 不具备其父类 Person 中的 run 情况，因此我们在 Baby 这个类中对 run 方法进行了重写，这说明 Baby 不具备 run 的能力。

上述的分析，我们均可通过实例进行验证：

```
class Person:
    def __init__(self, name, age):
        self.name = name
        self.age = age

    def walk(self):
        print('Walking')

    def run(self):
        print('Running')
```

```python
class Adult(Person):

    def __init__(self, name, age, job):
        super(Adult, self).__init__(name, age)
        self.job = job

    def work(self):
        print('Working')


class Baby(Person):
    def __init__(self, name, age):
        super(Baby, self).__init__(name, age)

    def run(self):
        print('I can not run.')


adult = Adult('Queensbarry', 18, 'Air Traffic Controller')
baby = Baby('Peter', 1)

print(adult.name)
print(adult.job)
print(baby.name)

adult.run()
adult.work()

baby.walk()
baby.run()
```

以下是样例输出：

```
Queensbarry
Air Traffic Controller
Peter
Running
Working
Walking
I can not run.
```

7.7.3 多继承和多重继承

多继承与多重继承虽然仅仅差了一个字，但"差之毫厘，谬以千里"。多继承是指一个子类由多个父类派生的情况。而多重继承是指 A 派生出 B，而 B 又派生出 C 这样的情况。

第 7 章 类和对象

多继承遵循以下语法:

```
class SubClass(BaseClass1, BaseClass2, ...)
    pass
```

以下是一个多重继承以及多继承的实例:

```
class A:
    def __init__(self, a):
        self.a = a
        print('A')

class B(A):
    def __init__(self, a):
        super(B, self).__init__(a)
        print('B')

class C(A):
    def __init__(self, a):
        super(C, self).__init__(a)
        print('C')

class D(B, C):
    def __init__(self, a):
        super(D, self).__init__(a)
        print('D')


D('test')
```

以下是样例输出:

```
A
C
B
D
```

我们一起来解析一下为什么输出是 ACBD 这个顺序:首先我们需要理清楚继承的顺序。D 是 B 和 C 的子类,而 B 和 C 又分别是 A 的子类。因此,要想初始化 D 必须先行初始化 B 和 C,而想要初始化 B 和 C 就必须先初始化 A。由此,ACBD 这个顺序中,A 和 D 的顺序就可以定下来了,那么 C 和 B 的顺序该如何理解呢?其实这与 D 继承时所书写的父类顺序有关,初始化顺序按照由后向前的顺序进行初始化。

在进行多继承时,还会出现以下问题。读者可以先行阅读代码,再进行验证:

```
class A:
    def __init__(self):
```

```
        print('A')

class B(A):
    def __init__(self):
        super(B, self).__init__()
        print('B')

class C(A, B):
    def __init__(self):
        super(C, self).__init__()
        print('C')

C()
```

以下是样例输出：

```
TypeError: Cannot create a consistent method resolution
order (MRO) for bases A, B
```

MRO 称为方法解析顺序，主要用于在多重继承时判断调用的属性来自于哪个类，其使用了一种叫作 C3 的算法，其基本思想是在避免同一类被调用多次的前提下，使用广度优先和从左到右的原则去寻找需要的属性与方法。

对于初学者来说，只要掌握如何纠正该错误即可，即按照就近原则书写多继承的顺序就可避免该错误：

```
class A:
    def __init__(self):
        print('A')

class B(A):
    def __init__(self):

        super(B, self).__init__()
        print('B')

class C(B, A):
    def __init__(self):
        super(C, self).__init__()
        print('C')


C()
```

以下是样例输出：

```
A
B
C
```

7.7.4 组合

软件开发中，重用的方式除继承外，还有"组合"。组合是指在一个类中以另外一个类的对象作为数据属性。

读者可以通过下面案例深入理解：

```
from math import pi

class Circle:
    def __init__(self, radius: float):
        # 圆的半径
        self.radius=radius

    def perimeter(self):

        return 2 * pi * self.radius

    def area(self):

        return pi * self.radius**2


class Ring:
    def __init__(self, outside_radius: float, inside_radius: float):
        # 外圆
        self.outside=Circle(outside_radius)
        # 内圆
        self.inside=Circle(inside_radius)

    def perimeter(self):

        return self.outside.perimeter() + self.inside.perimeter()

    def area(self):

        return self.outside.area() - self.inside.area()


# 初始化一个圆环
ring = Ring(10, 6)
# 圆环周长
```

```
print(f'{ring.perimeter():.2f}')
# 圆环面积
print(f'{ring.area():.2f}')
```

以下是样例输出：

```
100.53
201.06
```

7.8 小　　结

在本章中，读者需要了解什么是面向对象编程，以及类和对象的区别。同时，读者应当了解在 Python 中如何使用类和对象，并且了解如何对类内部的属性和方法进行操作以及访问控制。组合和继承也是面向对象编程当中较为重要的两个概念，读者也需要对其加深理解。

总的来说，学习完本章后，读者应当具备基本的编写 class 的能力，并且能对程序的逻辑进行较好的组织。

习　　题

根据以下要求，完成程序的编写：

1) 现有一位管理员，他能够开设学校，确定学校开设的课程，并且能够招募一定量的老师来加入学习进行授课。在登录管理系统时，他需要进行名字和密码双重验证。

2) 被招募的每一位老师在登录系统时，也需要用名字和密码进行双重验证。老师能够根据学校开设的课程进行选择，同时还能够对参与该课程的学生进行打分 (若某学生未参加该课程，进行打分时需给出错误提示)。

3) 参与课程的每名学生在登录系统时，依然使用名字和密码进行双重验证。学生在系统中可获取当前就读学校名称，并且可以自由选择学校、课程 (当某学校没有开设所选课程时，需给出错误提示)。

第 8 章 模 块

模块就像是我们搭建积木城堡时的每一小块积木。一个大型的程序就是一个个模块组成的，在编写大型程序时使用模块有以下几个好处：

1) 极大程度上提高代码的可维护性。

2) 模块可以被复用，也就是一个模块编写完成后，其他程序可以直接调用，无需再次编写，减小代码书写量，符合程序设计规范。

3) 使用模块可有效地避免变量名的重复，因为在不同模块中可以使用相同的名字进行编程，但是它们之间不会相互干扰。

8.1 模块就是程序

本章开始介绍了模块的几个好处，那么在 Python 中，模块究竟是什么呢？其实，在 Python 中，模块就是一个程序，一个 Python 程序文件 (以.py 的形式结尾)。这样的一个程序我们称为模块。

模块应当看成一个独立的文件存在，其存在的目的是被其他程序或者解释器调用。

Python 模块一般可以分为以下几种：

1) 内置模块，如我们之前调用过的 time、math 等模块，都是 Python 语言开发时，开发者为我们内置的一些模块，以完成一些简单的功能。

2) 第三方模块，这部分模块需要通过额外安装才能够调用 (如通过 pip 或者 conda 进行安装的模块)。

3) 自定义模块，有时为了完成特定的任务，但是又没有现成的内置模块以及第三方模块，只能自行编写模块完成任务，这一类模块就是自定义模块 (值得注意的是，编写自定义模块应当和内置模块以及第三方模块命名不冲突，否则可能造成不必要的麻烦)。

讲到模块，就需要提到"命名空间"(namespace) 这个概念，因为这个概念涉及的不仅仅是单个文件的变量和函数，而是涉及多个文件的变量和函数的情况。本章理论性较强，如果需要参透命名空间，可能需要反复阅读。

第 6 章函数已经提到过变量和函数的作用域，因此现在我们再深入地讨论一下 Python 是如何给变量以及函数规划作用域的。

我们在编写程序时，难免会定义变量和函数，这些变量和函数都是有名字的，当解释器读取到定义时，解释器会将它们分配到不同命名空间中，并且通过我们给变量或者函数起的名字来识别它们的内容。

解释器需要区分不同的命名空间，原因如下：① 不同的命名空间有不用的作用域；② 不同命名空间可以有效防止命名冲突。

第 6 章函数我们就曾测试过，在函数外以及函数内部进行变量的定义以及调用的例子。我们将当时的感性认识上升到理性结论：在函数内部声明的变量属于局部变量，在模块内部声明的变量属于全局变量。那么，在程序内部就存在着全局变量与局部变量，解释器是怎么分辨出全局变量和局部变量的呢？所以在解释器中就出现了"命名空间"这个概念。

当我们在函数内部声明一个变量时，解释器会将这个变量放到局部变量的命名空间中去；当我们在模块中声明一个变量时，解释器会将这个变量放到全局变量的命名空间中去。其嵌套关系是：全局变量的命名空间包含着局部变量的命名空间。因此，就会出现，在函数中可以使用函数中定义的局部变量，同时也可以使用模块中定义的全局变量。但是在全局变量的命名空间是无法使用函数内部定义的局部变量的。

读到这，有的读者就会有问题：之前我们一直都在使用的诸如 print、list 等的函数，究竟属于哪个命名空间呢？读者可以理解为它们是属于"内置命名空间"的，其作用域是所有程序。

命名空间还可以有效防止命名冲突的原因是什么呢？之前提到，在 Python 中有三类命名空间——局部命名空间、全局命名空间和内置命名空间。解释器在运行时，会为每一个模块新建立一个命名空间，相当于给每个模块提供一间屋子，因此在这个屋子中，函数和变量的命名互相不受影响，同样在不同的模块中也可以有相同名称的变量和函数；在不同的函数中也可以有相同的变量。

那解释器怎么寻找程序中所需要的变量呢？很简单，解释器依次查找三个命名空间，由局部变量的命名空间开始查找，到全局变量的命名空间，最后到内置变量的命名空间。当解释器找到所需变量后，就会停止查找。如果在任何一个命名空间中都没有查找到，解释器将会报出错误。

接下来我们来看一下局部变量的命名空间和全局变量的命名空间：

```
def test():
    a = 1
    print(f'{locals()}')


name = 'Queensbarry'
test()
print(f'{globals()}')
```

以下是样例输出：

```
{'a': 1}
{'__name__': '__main__', '__doc__': None, '__package__': None,'__loader__'
:<_frozen_importlib_external.SourceFileLoader object at 0x0382FB50>,
'__spec__': None, '__annotations__': {}, '__builtins__': <module
'builtins' (built-in)>,'__file__': 'f:/test.py', '__cached__': None,
'test': <function test at 0x038007C8>, 'name': 'Queensbarry'}
```

8.2 导入模块

想要使用模块，首先必须要做的事情就是导入模块。导入模块主要通过关键字 from 以及 import 来完成导入。在导入时，读者需要了解的是导入的模块和当前正在编写的模块处于不同的命名空间中。

8.2.1 模块组成

之前已经提到过，模块是逻辑上有关系的变量、函数以及类的集合，运行这些内容的目的是初始化模块，并且这个初始化的过程只执行一次，执行时机是首次导入的时候。当模块被多次导入时，将不会再次进行初始化，而是从内存中读取已经导入的模块内容。

```
# test_import.py
print('test_import.py')
```

```
# test.py
# 导入时需保证 test_import.py 和 test.py 位于同一目录下，并且运行 test.py
import test_import
import test_import
```

以下是样例输出：

```
test_import.py
```

8.2.2 模块的导入过程

模块导入的过程主要有两步：① 从硬盘中找到导入的模块；② 判断这个模块是否已经被导入。

如果所需模块未被导入，那么解释器将会创建一个新的命名空间给这个模块使用。如果使用者没有对该命名空间取名，那么该命名空间就将使用这个模块的名字作为命名空间的标识符。如果使用者已对该命名空间取名，那么该命名空间将使用者指定的名字作为命名空间的标识符，在程序的上下文中，若需要使用该命名空间内的内容，将使用用户指定的名字作为调用依据。如果所需的模块已经被导入，解释器将从内存中直接读取命名空间。

8.2.3 模块与当前程序命名空间的关系

模块与模块间的命名空间是独立的，解释器会为它们开辟不同的命名空间，防止之间的干扰。同样，模块与当前程序的命名空间也是相互独立的，只存在调用的关系。

8.2.4 为模块起别名

为模块起别名是简化程序的一部分，有些模块的名字比较长，因此我们可以通过起别名的方式对模块的名字进行缩短，以下导入案例供读者参考：

```
import numpy as np
import scipy as sp
```

```
import pandas as pd
import matplotlib.pyplot as plt
from mpl_toolkits.basemap import Basemap as Map
```

8.2.5 导入多个模块

在一些程序中，我们难免会导入多个模块。导入多个模块可以使用如下方法：

```
# 方法一：使用逗号分割(不建议使用，因为在导入模块多时较为混乱)
import math, sys
# 方法二：单次多个导入(推荐使用)
import math
import sys
```

在导入模块时，笔者习惯的顺序是：

1) 无 as 标识的 import 语句，且按照字母顺序排列的内置模块或者第三方模块；
2) 有 as 标识的 import 语句，且按照字母顺序排列的内置模块或者第三方模块；
3) 无 as 标识的 from···import··· 语句，并且按照字母顺序排列的内置模块或者第三方模块；
4) 有 as 标识的 from···import··· 语句，并且按照字母顺序排列的内置模块或者第三方模块；
5) 自定义模块，依然按照上述顺序进行导入。

在使用 from···import··· 语句时，还有以下方法可以选用：

```
# 情况一：
from math import (pi, sin)
# 情况二：
from math import *
```

先讲述情况一：可以使用 from···import··· 语句，同时导入一个模块中的多个内容，该处的括号可以省略，但是根据 PEP8 规则，该处的括号在导入内容分行时应当添加，否则一般不建议进行添加。

再讲述情况二：首先需要说明的是，不建议使用该种导入方式，一般在阅读程序中也很少出现类似于该种情况的导入。因为使用 * 进行导入，不明确导入内容，会使得开发者不明确有什么变量或者函数被导入，有可能导致程序中的命名冲突，造成不必要的麻烦。情况二是指将 math 模块中所有可导入的变量和函数进行导入。那么什么是可导入的变量和函数呢？使用情况二进行导入时，模块当中不以下划线开头的变量均是可导入的变量。

在被导入模块中可以使用 __all__ 来限制 * 的导入内容，但是 __all__ 仅对使用 * 的导入方式生效，其他方式不生效：

```
# test_import.py
__all__ = ['name', 'fun_a']
```

第 8 章 模 块

```
name = 'Queensbarry'

def fun_a():
    print('a')

def fun_b():
    print('b')
```

```
# test.py
from test_import import *

print(name)
print(fun_a())
print(fun_b())
```

以下是样例输出：

```
Queensbarry
a
NameError: name 'fun_b' is not defined
```

8.2.6 dir() 函数

dir() 函数是一个内置函数，用于返回给定模块的定义的所有名称：

```
import os

print(dir(os))
```

以下是样例输出：

```
['DirEntry', 'F_OK', 'MutableMapping', 'O_APPEND', 'O_BINARY', 'O_CREAT',
'O_EXCL', 'O_NOINHERIT', 'O_RANDOM', 'O_RDONLY', 'O_RDWR',
'O_SEQUENTIAL', 'O_SHORT_LIVED', 'O_TEMPORARY', 'O_TEXT', 'O_TRUNC',
'O_WRONLY', 'P_DETACH', 'P_NOWAIT', 'P_NOWAITO', 'P_OVERLAY',
'P_WAIT', 'PathLike', 'R_OK', 'SEEK_CUR', 'SEEK_END', 'SEEK_SET',
'TMP_MAX', 'W_OK', 'X_OK', '_Environ', '__all__', '__builtins__',
'__cached__', '__doc__', '__file__', '__loader__', '__name__',
'__package__', '__spec__', '_execvpe', '_exists', '_exit', '_fspath',
'_get_exports_list', '_putenv', '_unsetenv', '_wrap_close', 'abc',
'abort', 'access', 'altsep', 'chdir', 'chmod', 'close', 'closerange',
'cpu_count', 'curdir', 'defpath', 'device_encoding', 'devnull', 'dup',
'dup2', 'environ', 'error', 'execl', 'execle', 'execlp', 'execlpe',
'execv', 'execve', 'execvp', 'execvpe', 'extsep', 'fdopen',
'fsdecode','fsencode', 'fspath', 'fstat', 'fsync', 'ftruncate',
```

```
'get_exec_path','get_handle_inheritable', 'get_inheritable',
'get_terminal_size','getcwd', 'getcwdb', 'getenv', 'getlogin',
'getpid', 'getppid', 'isatty', 'kill', 'linesep', 'link', 'listdir',
'lseek', 'lstat','makedirs', 'mkdir', 'name', 'open', 'pardir',
'path', 'pathsep','pipe', 'popen', 'putenv', 'read', 'readlink',
'remove', 'removedirs','rename', 'renames', 'replace', 'rmdir',
'scandir', 'sep','set_handle_inheritable', 'set_inheritable',
'spawnl', 'spawnle','spawnv', 'spawnve', 'st', 'startfile',
'stat', 'stat_result','statvfs_result', 'strerror', 'supports_bytes_
environ', 'supports_dir_fd', 'supports_effective_ids', 'supports_fd',
'supports_follow_symlinks', 'symlink', 'sys', 'system', 'terminal_
size', 'times','times_result', 'truncate', 'umask', 'uname_result',
'unlink','urandom', 'utime', 'waitpid', 'walk', 'write']
```

如果 dir() 函数没有指定参数，它将返回当前模块所定义的内容：

```
a = 1
print(dir())
```

以下是样例输出：

```
['__annotations__', '__builtins__', '__cached__', '__doc__', '__file__',
    '__loader__', '__name__', '__package__', '__spec__', 'a']
```

8.3 __name__

__name__ 是 Python 内建的一个变量，也是每个 Python 文件自带的变量。

1) __name__ 前后增加下划线是为了说明该变量是系统自带变量，如无特殊需要，普通变量不应使用此命名方式命名。

2) Python 有许多模块，并且这些模块都可以独立运行，所以 __name__ 是为了用来区别不同模块的。

3) 使用 import 时会触发解释器修改 __name__ 变量，被 import 的模块中自有变量 __name__ 的值会被 Python 解释器自动赋予 '__main__'，即执行了__name__ = '__main'。

4) __name__ 的赋值分为两种情况：假如当前模块是被执行的模块，那么该模块的名字将会被命名为 __main__。假如此模块是被导入的，此模块的 __name__ 将被赋予为模块名字。

有了上述的基础，接下来就将引出 __name__ == '__main__' 了。我们已经知道，当某个模块作为直接执行模块时，它的 __name__ 值将被赋予为 __main__，那么这个判断的作用就显而易见了。如果当前模块为直接执行的模块，那么这个判断为真，否则为假：

```
# test_import.py
b = 2

if __name__ == '__main__':
    print(b)
```

```
# test.py
import test_import

a = 1

if __name__ == '__main__':
    print(a)
```

首先，我们尝试运行 test_import.py 文件：

```
2
```

接下来，我们尝试运行 test.py：

```
1
```

通过在模块中使用 __name__ == '__main__' 语句，可在模块中运行测试样例，但是在调用时不被运行。通过这样的操作，可以减少 BUG 的出现，提高程序的健壮性。

8.4 搜索路径

Python 在导入包时，首先就是要确定模块在硬盘中所处的位置，因此便出现了搜索路径顺序之说。Python 的搜索路径顺序，遵循以下规则：

1) 如果引入模块是内置模块，将直接引入。
2) sys.path 下规定的搜索顺序，其中包含：① 脚本执行的位置，即当前路径；② 环境变量 PYTHONPATH；③ 安装 Python 时的依赖存储的位置。

8.5 包 结 构

包是多个模块的一种聚合，就像 Windows 的文件夹一样，是用来管理模块的一种有效方式。每个包需要在其下添加名为 __init__.py 的文件，用来初始化包。当然，这个文件可以是空文件，但必须存在。

笔者使用的项目包管理形式如下 (笔者是参照 java 包的形式进行构建的，故当前也使用这样的形式)：

```
python-lesson(项目名称，使用 - 横线分割)
    bin (可执行文件)
        start.sh
```

```
src （源码目录）
    main （主程序目录）
        python （Python程序源码）
            lib （Python包目录）
                __init__.py
                func.py
            __main__.py （Python程序入口）
        resources （资源类文件）
    test （测试目录）
README.md （说明文件）
```

8.6 小　　结

读者完成本章阅读后，应当了解在 Python 中如何导入模块，如何使用包，并且对 __name__=='__main__' 应有了一定的理解。在此基础之上，读者应能够在程序中顺利导入并使用内置模块、第三方模块以及自定义模块。最后读者应当培养自己良好的程序文件组织习惯，为后续编写代码打下良好的基础。

第 9 章 永久储存

在编写程序的过程中,我们有可能会定义变量进行存储值的操作,当然有的值或者内容我们需要永久保存,那么就涉及文件以及操作系统的一些操作。

本章将就如何操作普通的文本文件、普通文本文件的一些周边操作以及与文本文件有关的操作系统进行详细讲解。

9.1 文件操作

对于一个文件的操作,大致需要经过如下的步骤:① 打开文件,得到文件句柄;② 通过句柄对文件进行操作;③ 关闭文件 (对文件的操作一定要及时关闭,否则有可能造成内存泄漏)。

9.1.1 打开文件

打开文件是文件操作的第一步。在 Python 中,最简单的打开文件的方法是内置的 open() 函数,该函数的文档原文如下:

```
Help on built-in function open in module io:

open(file, mode='r', buffering=-1, encoding=None, errors=None,
     newline=None, closefd=True, opener=None)
Open file and return a stream.  Raise OSError upon failure.

file is either a text or byte string giving the name (and the path
if the file isn't in the current working directory) of the file to
be opened or an integer file descriptor of the file to be
wrapped. (If a file descriptor is given, it is closed when the
returned I/O object is closed, unless closefd is set to False.)

mode is an optional string that specifies the mode in which the file
is opened. It defaults to 'r' which means open for reading in text
mode.  Other common values are 'w' for writing (truncating the file if
it already exists), 'x' for creating and writing to a new file, and
'a' for appending (which on some Unix systems, means that all writes
append to the end of the file regardless of the current seek position).
In text mode, if encoding is not specified the encoding used is platform
dependent: locale.getpreferredencoding(False) is called to get the
current locale encoding. (For reading and writing raw bytes use binary
mode and leave encoding unspecified.) The available modes are:
```

```
=========  ===============================================================
Character  Meaning
---------  ---------------------------------------------------------------
'r'        open for reading (default)
'w'        open for writing, truncating the file first
'x'        create a new file and open it for writing
'a'        open for writing, appending to the end of the file if it exists
'b'        binary mode
't'        text mode (default)
'+'        open a disk file for updating (reading and writing)
'U'        universal newline mode (deprecated)
=========  ===============================================================

The default mode is 'rt' (open for reading text). For binary random
access, the mode 'w+b' opens and truncates the file to 0 bytes, while
'r+b' opens the file without truncation. The 'x' mode implies 'w' and
raises an FileExistsError if the file already exists.

Python distinguishes between files opened in binary and text modes,
even when the underlying operating system doesn't. Files opened in
binary mode (appending 'b' to the mode argument) return contents as
bytes objects without any decoding. In text mode (the default, or when
't' is appended to the mode argument), the contents of the file are
returned as strings, the bytes having been first decoded using a
platform-dependent encoding or using the specified encoding if given.

'U' mode is deprecated and will raise an exception in future versions
of Python.  It has no effect in Python 3.  Use newline to control
universal newlines mode.

buffering is an optional integer used to set the buffering policy.
Pass 0 to switch buffering off (only allowed in binary mode), 1 to select
line buffering (only usable in text mode), and an integer > 1 to indicate
the size of a fixed-size chunk buffer.  When no buffering argument is
given, the default buffering policy works as follows:

* Binary files are buffered in fixed-size chunks; the size of the buffer
is chosen using a heuristic trying to determine the underlying device's
"block size" and falling back on `io.DEFAULT_BUFFER_SIZE`.
On many systems, the buffer will typically be 4096 or 8192 bytes long.

* "Interactive" text files (files for which isatty() returns True)
use line buffering.  Other text files use the policy described above
for binary files.
```

第 9 章 永久储存

```
encoding is the name of the encoding used to decode or encode the
file. This should only be used in text mode. The default encoding is
platform dependent, but any encoding supported by Python can be
passed. See the codecs module for the list of supported encodings.

errors is an optional string that specifies how encoding errors are to
be handled---this argument should not be used in binary mode. Pass
'strict' to raise a ValueError exception if there is an encoding error
(the default of None has the same effect), or pass 'ignore' to ignore
errors. (Note that ignoring encoding errors can lead to data loss.)
See the documentation for codecs.register or run 'help(codecs.Codec)'
for a list of the permitted encoding error strings.

newline controls how universal newlines works (it only applies to text
mode). It can be None, '', '\n', '\r', and '\r\n'.  It works as
follows:

* On input, if newline is None, universal newlines mode is
  enabled. Lines in the input can end in '\n', '\r', or '\r\n', and
  these are translated into '\n' before being returned to the
  caller. If it is '', universal newline mode is enabled, but line
  endings are returned to the caller untranslated. If it has any of
  the other legal values, input lines are only terminated by the given
  string, and the line ending is returned to the caller untranslated.

* On output, if newline is None, any '\n' characters written are
  translated to the system default line separator, os.linesep. If
  newline is '' or '\n', no translation takes place. If newline is any
  of the other legal values, any '\n' characters written are translated
  to the given string.

If closefd is False, the underlying file descriptor will be kept open
when the file is closed. This does not work when a file name is given
and must be True in that case.

A custom opener can be used by passing a callable as *opener*. The
underlying file descriptor for the file object is then obtained by
calling *opener* with (*file*, *flags*). *opener* must return an open
file descriptor (passing os.open as *opener* results in functionality
similar to passing None).
open() returns a file object whose type depends on the mode, and
through which the standard file operations such as reading and writing
are performed. When open() is used to open a file in a text mode ('w',
'r', 'wt', 'rt', etc.), it returns a TextIOWrapper. When used to open
a file in a binary mode, the returned class varies: in read binary
```

```
mode, it returns a BufferedReader; in write binary and append binary
modes, it returns a BufferedWriter, and in read/write mode, it returns
a BufferedRandom.

It is also possible to use a string or bytearray as a file for both
reading and writing. For strings StringIO can be used like a file
opened in a text mode, and for bytes a BytesIO can be used like a file
opened in a binary mode.
```

有能力的读者可以直接阅读官方给出来的函数文档,接下来我们对该文档的内容进行细化。

在使用 open() 函数对普通文本文件进行操作时,关心的主要参数是 file、mode 以及 encoding。

1) file 参数是必要参数,该参数指定的是文件的路径,用于 Python 解释器找到该文件。对于初学者来说,需要掌握两种形式的路径:一种是相对路径;另一种是绝对路径。简单地说,相对路径的立足点是当前文件夹,从当前文件夹看另一个文件存在于哪里的问题;而绝对路径的立足点是 Windows 系统下的盘符 (C:/D:/E:) 或者是 Unix 系统下的根目录 (/)。总而言之,file 参数就是为了找到文件所处的位置。

2) mode 参数是有默认值的参数,可以修改。但是笔者建议,无论什么时候,无论是读取还是写入,都将该参数带上,以明确本次进行文件操作的目的。对于文档中提到的情况进行模式细化的 mode 参数可选字段如下:① r 只读方式打开文件。文件的指针在文件开头。② rb 二进制格式打开一个文件且为只读模式。文件的指针在文件开头。③ r+ 打开一个文件用于读写。文件的指针在文件开头。④ rb+ 以二进制格式打开一个文件且为读写模式。文件的指针在文件开头。⑤ w 打开一个文件且为写入模式。若该文件已存在则打开文件,且该模式打开会将原有内容删除,重新用于写入;若该文件不存在,则创建新一个文件。⑥ wb 以二进制格式打开一个文件且为写入模式。若该文件已存在则打开文件,且该模式打开会将原有内容删除,重新用于写入;若该文件不存在,则创建一个新文件。⑦ w+ 打开一个文件且为读写模式。若该文件已存在则打开文件,且该模式打开会将原有内容删除,重新用于写入;若该文件不存在,则创建一个新文件。⑧ wb+ 以二进制格式打开一个文件且为读写模式。若该文件已存在则打开文件,且该模式打开会将原有内容删除,重新用于写入;若该文件不存在,则创建一个新文件。⑨ a 打开一个文件且为追加模式。若该文件已存在,文件的指针在文件末尾,新写入的内容将会追加在原文件的末尾;若该文件不存在,则创建一个新文件。⑩ ab 以二进制格式打开一个文件且为追加模式。若该文件已存在,文件的指针在文件末尾,新写入的内容将会追加在原文件的末尾;若该文件不存在,则创建一个新文件。⑪ a+ 打开一个文件且为读写模式。若该文件已存在,文件的指针在文件末尾,新写入的内容将会追加在原文件的末尾;若该文件不存在,则创建一个新文件。⑫ ab+ 以二进制格式打开一个文件且为追加模式。若该文件已存在,文件的指针在文件末尾,新写入的内容将会追加在原文件的末尾;若该文件不存在,则创建一个新文件。

有的读者读完上述 mode 的内容时会觉得较为混乱,其实并不用所有方式都需要记忆。只需要明确 r、w、b、a、+ 分别代表的含义,使用时进行一定的排列组合即可。

3) encoding 用来指定格式编码，正确解析文本文件使得使用者能够识别文字内容。对于初学者来说，仅需要掌握常用的编码格式，一个是 UTF-8，另一个是 GBK。在 Windows 下，使用记事本编写的文本文件一般为 GBK 格式的编码，但是对于现阶段来说，UTF-8 编码使用得更为广泛。

以下是使用 open 函数的样例：

```
# 使用相对路径
f = open('text.txt', mode = 'r', encoding = 'gbk')
# 使用绝对路径
# Windows 系统（建议在该系统下使用路径字符串时，在字符串前部增加
  只读 r 选项）
f = open(r'C:\\information\\text.txt', 'a', encoding = 'UTF-8')
#Unix 系统
f = open('/opt/profile.d/anaconda.sh', 'w')
```

9.1.2 写入文件

对于初学者来说，在写入文件时需要知道，所有写入普通文本文件的内容均需要是字符串或者是二进制数据，这样便可正确地将内容写入文件。同时需要知道，使用 Python 文件中的写入方法，并不会在行尾自动添加换行符。

```
# 案例一：
f = open('a.txt', 'w')
f.write('This is the first line.')
f.write('This is the second line.')
```

以下是 a.txt 文件内容：

```
This is the first line.This is the second line.
```

```
# 案例二：
f = open('a.txt', 'w')
f.write('This is the first line.'+'\n')
f.write('This is the second line.')
```

以下是 a.txt 文件内容：

```
This is the first line.
This is the second line.
```

通过上述两个案例，笔者希望读者能够明确，写入的内容必须为字符串或者二进制内容，以及需要换行时，需要自行手动添加换行符，否则所有内容将只有一行。

9.1.3 关闭文件

所有文件在操作完成后 (读写完成后)，均需要对文件进行关闭，否则可能造成内存泄漏。因此，9.1.2 节写入文件的文件操作是不完整的，需要在读写完成后增加关闭操作：

```python
f = open('a.txt', 'w')
f.write('This is the first line.'+'\n')
f.write('This is the second line.')
f.close()
```

据此，我们就获得了一个文件操作的完整模板：

```python
# 打开文件
f = open('filename', 'mode', 'encoding')

# 文件操作（读写），略

# 关闭文件
f.close()
```

9.1.4 读取文件

在此，主要介绍三个读取文件的方法：read()、readline() 和 readlines()，使用之前生成的 a.txt 来进行下述操作：

```python
#使用 read()
f = open('a.txt', 'r')
text = f.read()
print(text)
f.close()
```

以下是样例输出：

```
This is the first line.
This is the second line.
```

```python
#使用 readline()
f = open('a.txt', 'r')
for i in range(0, 4):
    text = f.readline()
    print(text)
f.close()
```

以下是样例输出：

```
This is the first line.

This is the second line.
```

根据方法的名字可以看出，该函数的作用是每次读取文件中的一行。但是有的读者可能对上述样例有疑问，为什么输出第一行和第二行中间空了一行呢？原因是我们在写入文件时，在第一行后追加了一个换行符。所以，实质上这两行可以看成一行。在读取完内容后，readline() 函数并没有报错，而是可以继续执行，执行的结果是一个空字符串。

readline() 函数多用在数据量特别大且每行均连续的文本文件当中。此时该函数的优势相对于 read() 来说，就不会造成大量的内存浪费，因为 read() 函数是一次性将文件内容读取到内存中来的。

```
#使用 readlines()
f = open('a.txt', 'r')
text = f.readlines()
print(text)
f.close()
```

以下是样例输出：

```
['This is the first line.\n', 'This is the second line.']
```

readlines() 函数的作用明显可以从其函数命名中得到，其作用就是读取文本文件中的所有行，并且将其每一行放到列表中，以使得更好操作。

9.1.5 文件定位

在文件中，有文件指针这样一个概念，它其实相当于我们小时候读书时用手指点着书上内容进行阅读一样。在这里，我们称之为文件指针，用来给程序标识当前应读字符是什么。在之前的读取文件操作中，我们使用了 read() 方法，其实该方法是存在参数的，其参数的含义是指：当前一次读取操作，需要读取多少字符，每次读取都是从上一次读取结束的位置继续向下读取。

```
f = open('a.txt', 'r')
text = f.read(8)
print(text)
text = f.read(6)
print(text)
f.close()
```

以下是样例输出：

```
This is
the fi
```

除此之外，笔者还将向大家介绍两个与文件指针有关的函数 tell() 和 seek()。

1) tell() 函数用来返回当前文件指针位置。

2) seek(offset [,from]) 函数用来改变文件指针的位置。其中，参数 offset 是指需要移动的字符数量，from 参数为可选参数，表示移动的参考位置。若参考位置为 0 则表示移动数量起始位置为文件头；若参考位置为 2 则表示移动数量起始位置为文件尾；若参考位置为 1 则移动数量参考位置从当前文件指针所处的位置为准。

```
f = open('a.txt', 'r')

# 读取 8 个字符
text = f.read(8)
print(text)

# 获取当前文件指针位置
print(f.tell())

# 读取 6 个字符
text = f.read(6)
print(text)

# 获取当前文件指针位置
print(f.tell())

# 移动文件指针到文件头
print(f.seek(0, 0))

# 重新读取 8 个字符以验证文件指针已被移动
text = f.read(8)
print(text)
f.close()
```

以下是样例输出：

```
This is
8
the fi
14
0
This is
```

9.1.6 选择 with 语句

文件操作是较为常见的 I/O 操作，但是这个操作具有一定的"危险性"。我们先阅读以下代码：

```
f = open('a.txt', 'w')
f.write(str(1/0))
f.close()
```

在这个代码中,很明显将会在 f.write 这一步进行时报错,因为 0 不能作为除数。那么,在这种情况下,f.close() 将不会被执行,因为之前的报错已经中断了之后的操作。之前提到过,若 f.close() 不被调用,可能会造成内存泄漏。

因此,Python 给我们提供了一个很好的选择,将安全地打开一个文件并且可以安全地对它进行操作,当过程中有错误时,也能正确地关闭文件。因此,笔者建议文件操作时,采用 with 语句代替打开和关闭文件操作。以下是采用 with 语句进行文件操作的格式以及样例:

```
'''
with open(file[, mode, encoding]) as f:
使用文件对象 f 进行操作
'''

with open('a.txt', 'r') as f:
    text = f.read()
    print(text)
```

以下是样例输出:

```
This is the first line.
This is the second line.
```

9.2 常用 os 模块方法

os 的全称为 operate system,译为操作系统。Python 中的 os 模块为一个标准模块,该模块是用来访问操作系统功能的。使用该模块可以实现跨平台的编程。本节将讲述 os 模块中常用的一些变量及函数。

9.2.1 os.name

用来指示当前程序运行的操作平台的变量,由此可以区分当前是 Windows 操作平台还是 Unix 操作平台。

```
import os
print(os.name)
```

以下是样例输出:

```
# Windows 操作平台结果
nt
# Unix 操作平台结果
posix
```

9.2.2 os.getenv()

用来获取给定的环境变量名称。

```
import os
print(os.getenv('PATH'))
```

以下是样例输出:

```
C:\Program Files (x86)\NetSarang\Xftp 6\;E:\ProgramData\Anaconda3;
```

9.2.3 os.listdir()

用于列出指定目录当中的内容。

```
import os
print(os.listdir(r'C:\\'))
```

以下是样例输出:

```
['Program Files (x86)', 'ProgramData', 'Recovery']
```

9.2.4 os.mkdir() 和 os.makedirs()

os.mkdir() 用于创建一个目录，若给定的嵌套目录多个均不存在，则无法创建并会报错。而 os.makedirs() 均可创建，只要给定路径，即使嵌套目录不存在，该方法也可创建。

```
import os
os.mkdir('/opt/profile.d/anaconda.sh')
os.makedirs('/home/lesson/draft/test/make/directory')
```

9.2.5 os.rmdir() 和 os.removedirs()

os.rmdir() 用于删除一个空目录，若该目录当中存在内容，则无法删除并且将会报错。而 os.removedirs() 无论目录中是否存在内容，均会被删除。

```
import os
os.rmdir('/empty/dir')
os.removedirs('/opt/software/anaconda')
```

9.2.6 os.rename()

函数用来重命名一个文件，若新命名的文件在执行该操作前已经存在，则该操作将会失败。

```
import os
os.rename('old.name', 'new.name')
```

9.3 文件对象的其他方法

1) f.flush()：强制刷新文件内部的缓冲区，将缓冲区的数据即刻写入文件。
2) f.fileno()：返回整型文件描述符。
3) f.isatty()：判断文件是否连接到一个终端设备。
4) f.next()：返回文件的下一行。
5) f.truncate(size)：用于截取文件，截取的字节通过 size 指定，截取的默认起始位置为当前文件指针位置。
6) file.writelines(sequence)：向文件写入一个序列字符串列表。

9.4 文件路径操作的两个重要模块

不同操作系统存在不同的差异，因此路径分隔符在不同的系统上就有可能不同。为了规避不同操作系统的不同，Python 中专门有和路径操作相关的库，最开始是 os.path，但后来，为了加强对路径操作的效率以及功能，特别增加了 pathlib 这个标准库。笔者推荐大家使用 pathlib 模块进行文件及路径操作。

9.4.1 os.path

本节将讲述 os.path 中常用的方法，并且配上实例供读者参考。其他需要可以参考 Python 官方文档[①] 进行深入学习。

(1) os.path.abspath()

返回给定的文件的绝对路径。

```
import os

#__file__ 是Python程序中自带的一个变量，存储的是当前文件名字，os.path.
abspath()会是工程代码中出现的内容，Django 的 settings 文件中就出现过这样的
写法。
print(os.path.abspath(__file__))
```

以下是样例输出：

```
f:\test.py
```

[①] https://docs.python.org/3/library/os.path.html。

(2) os.path.split()

将给定的绝对路径分割为目录和文件名。

```
import os
print(os.path.split(os.path.abspath(__file__)))
```

以下是样例输出：

```
('f:\\', 'test.py')
```

(3) os.path.dirname()

返回给定的绝对路径文件的目录名称。

```
import os
print(os.path.dirname(os.path.abspath(__file__)))
```

以下是样例输出：

```
f:\
```

(4) os.path.exists()

判断给定的路径是否存在。

```
import os

SAVE_PATH = './draft/images'
if not os.path.exists(SAVE_PATH):
#当 os.path.exists 执行的结果为空时，常与 os.makedirs 或 os.mkdir 连用
    os.makedirs(SAVE_PATH)
```

(5) os.path.isfile() 和 os.path.isdir()

判断给定的目录是否是文件/文件夹。

```
import os

SAVE_PATH = './draft/images'
print(os.path.isfile(SAVE_PATH))
print(os,path.isdir(SAVE_PATH))
```

以下是样例输出：

```
False
True
```

(6) os.path.join()

将多个路径组合后返回，第一个绝对路径之前的参数将被忽略。

```
import os

RESOURCES_DIR = r'F:\\resources'

forecast_time = ['000', '003', '006']
depth = ['000', '050', '100']

for t in forecast_time:
    for d in depth:
        save_path = os.path.join(RESOURCES_DIR, t, d)
        print(save_path)
        if not os.path.exists(save_path):
            os.makedirs(save_path)
```

以下是样例输出：

```
F:\resources\000\000
F:\resources\000\050
F:\resources\000\100
F:\resources\003\000
F:\resources\003\050
F:\resources\003\100
F:\resources\006\000
F:\resources\006\050
F:\resources\006\100
```

9.4.2 pathlib

Python 3.4 中新增加了 pathlib 模块作为标准模块，再次优化了路径的拼接。使用 pathlib 库的 Path 方法，可以将一个普通的字符串转换为 pathlib.Path 对象类型的路径。

在本节中，依旧仅介绍 pathlib 中 Path 常用的方法，其他方法有需要了解的可查阅官方文档[1]。

(1) 创建一个 Path 对象

```
from pathlib import Path

p = Path(__file__)
print(p)
```

以下是样例输出：

```
f:\test.py
```

---

[1] https://docs.python.org/3/library/pathlib.html。

(2) 路径拼接

```
from pathlib import Path

p = Path(r'F:\\')
#笔者推荐使用 .joinpath 方法进行路径拼接，而不是采用 / 方式
image_path = p.joinpath('test.png')
print(image_path)
```

以下是样例输出：

```
F:\test.png
```

(3) 判断给定路径是否存在

```
from pathlib import Path

p = Path(r'F:\\')
image_path = p.joinpath('test.png')
print(image_path.exists())
```

以下是样例输出：

```
False
```

1) Path.glob() 和 Path.rglob()。这两个函数均为返回给定路径下，满足筛选条件的文件名的迭代器。唯一有区别的地方是，后者将会进入子文件夹进行筛选。

```
from pathlib import Path

BASE_DIR = Path(r'F:\\')
for i in BASE_DIR.glob('*.py'):
print(i)
```

以下是样例输出：

```
F:\test.py
F:\test_import.py
```

2) p.is_dir() 和 p.is_file()。判断是否是文件/文件夹。

3) p.iterdir()。返回给定路径下的内容，与 os.listdir() 类似，区别为该处返回为 Path 类型。

4) p.parent。返回路径对应的上一级路径，返回值为 Path 类型。

5) p.name。获取文件名称。

6) p.suffix。获取文件后缀。

7) p.mkdir(mode=0o777，parents=Fasle，exists_ok=True)。根据给定路径创建文件夹，其中 mode 是文件权限概念，parents 指当父文件夹不存在时是否创建嵌套的文件夹，exists_ok 参数在 Python 3.5 后才被增加，该参数指是否允许所创建文件的父文件夹存在。

8) p.open(mode='r'，buffering=−1，encoding=None，errors=None，newline=None)。打开指定的文件，类似于 open() 函数。

9) p.rename(target) 当目标为字符串时将会进行重命名操作，而当目标为 Path 类型时将会重命名文件并移动到指定位置。

10) p.replace(target)。重命名操作，如果目标已经存在则会覆盖已存在的文件。

11) p.is_absolute()。判断给定路径是否为绝对路径。

12) p.rmdir()。删除空文件夹。

9.5 小　　结

阅读完本章后，读者应该了解两大方面内容：① 学会操作普通的文本文件，为后期处理其他格式文件奠定基础；② 学会使用路径操作库对路径和文件进行操作，为编写跨平台的程序打下良好的程序基础。

习　　题

使用 Python 程序，在一个指定的文件夹内创建名为 1.txt，2.txt，···，10.txt 的文本文件，并在其中分别写入一个数字 (自定义)。完成后将这些文件备份到另一个指定文件夹中 (接收用户输入)。

第 10 章 异 常 处 理

在编写程序时，由于可预知的或者不可预知的情况，解释器抛出错误，使得程序无法运行的情况有很多。但是，这样的错误对于开发者来说并不能置之不理，异常处理也是程序设计中很重要的一部分。本章将就在 Python 中如何进行异常处理，以及使用静态代码检查来降低异常出现的概率做阐述。

10.1 什么是异常

在进行异常处理之前，读者需要了解什么是异常，异常一般是怎么出现的，以及大致有哪些异常。简单来说，异常就是一个事件，当解释器发现非预期的情况发生，并且这个非预期的情况未被程序自身处理时，使得程序中断的事件被称为异常。一般，当解释器不对这样的事件介入处理时，就会发生异常，它表示 Python 运行出现的错误。对于这样的异常，我们有两种处理办法：① 直接捕获异常，并进行处理 (在编写自定义脚本时常用)；② 将异常继续向上抛出，等待其他处理 (在编写模块时常用，一般在模块当中不做异常的处理，而是向上抛出，交给调用者，以此说明调用者的输入存在问题)。

异常在抛出时，一般开发者会首先看到异常的名称，从名称当中大致能够理解该异常的原因。并且其后一般会跟随错误的具体描述，以使得开发者认识到错误的具体原因并改正。

```
print(1/0)
```

以下是样例输出：

```
ZeroDivisionError: division by zero
```

10.2 try-execpt

try-except 语句是 Python 异常处理中用得最多的一个语句。

```
try:
    <有可能发生异常的代码>
except <异常的名称>:
    <发生该异常后的处理方案>
```

以上是 try-except 语句的格式结构。使用上述语句前需要了解在 Python 中有哪些标准的异常名称，这样在书写 except 语句时才能正确捕获异常。

异常名称	异常简单解释
ArithmeticError	数值运算错误基类
AssertionError	断言失败
AttributeError	无属性错误
BaseException	异常基类
DeprecationWarning	弃用特性警告
EOFError	到达文件结尾错误
EnvironmentError	操作系统错误基类
Exception	一般错误基类
FileNotFoundError	找不到文件错误
FloatingPointError	浮点运算错误
FutureWarning	语义改变警告
GeneratorExit	生成器异常退出
ImportError	导入失败
IndentationError	缩进错误
IndexError	索引错误
IOError	输入/输出错误
KeyboardInterrupt	中断执行
KeyError	无效键错误
LookupError	无效数据查询基类
MemoryError	内存溢出错误
NameError	未声明/初始化对象
NotImplementedError	未重写方法错误
OSError	操作系统错误
OverflowError	数值运算超限
OverflowWarning	自动提升长整型的警告
PendingDeprecationWarning	特性废弃警告
ReferenceError	弱引用试图访问已回收的对象
RuntimeError	一般运行错误
RuntimeWarning	运行行为警告
StandardError	内建标准异常基类
StopIteration	迭代器已迭代完成
SyntaxError	语法错误
SyntaxWarning	语法警告
SystemError	一般解释器系统错误
SystemExit	解释器请求退出
TabError	Tab 与空格混用
TypeError	类型错误
UnboundLocalError	访问未初始化的本地变量
UnicodeError	Unicode 相关的错误
UnicodeDecodeError	Unicode 解码错误
UnicodeEncodeError	Unicode 编码错误
UnicodeTranslateError	Unicode 转换错误
UserWarning	用户代码警告
ValueError	参数错误
Warning	警告的基类
WindowsError	系统调用失败
ZeroDivisionError	除数为零

以下是 try-except 案例:

```python
from pathlib import Path

try:
    with Path(r'F:\\text.txt').open() as f:
        text = f.read()
        print(1/int(text))
except FileNotFoundError:
    print('File can not be found.')
```

以下是样例输出:

```
File can not be found.
```

很明显,这次在没有找到文件时,解释器并没有向我们直接抛出错误,而是进入了 except 这个语句块进行运行,从而得到了一个未找到文件的反馈,而不是使得程序直接退出。当我们创建 text.txt 时,再次运行上述程序:

```
# 以下为 text.txt 中内容
0
```

以下是样例输出:

```
ZeroDivisionError: division by zero
```

由上述输出我们可以看到,我们仅仅捕获了 FileNotFoundError 这个错误,并没有捕获其他错误,那么我们该如何捕获其他错误呢?

```
方法一: 多个 except 捕获方式捕获不同错误(此时, 多个 except 之间为互斥关系)
try:
    <可能产生异常的代码>
except <异常名称>:
    <处理异常的代码>
except <异常名称>:
    <处理异常的代码>

方法二: 一个 except 捕获多个错误统一处理
try:
    <可能产生异常的代码>
except <异常名称>, <异常名称>:
    <处理异常的代码>
```

此处笔者采用方法一对上述异常进行处理:

```python
from pathlib import Path

try:
```

```
    with Path(r'F:\\text.txt').open() as f:
        text = f.read()
        print(1/int(text))
except FileNotFoundError:
    print('File can not be found.')
except ZeroDivisionError:
    print('Division is 0.')
```

以下是样例输出:

```
Division is 0.
```

在使用 except 语句时,可以将错误使用 as 方式简写:

```
try:
    print(1/0)
except ZeroDivisionError as e:
    print(e)
```

10.3 try-except-finally

之前已经提到了 try-except 语句,那么在其后增加一个 finally 又有什么含义呢? finally 译为"最终",在此处说明其后跟随着的代码块是用于异常结束后的收尾工作的。跟随 finally 的代码块,无论是否发生异常,都将被执行。try-except-finally 形式的异常处理语句格式如下:

```
# 多except处理异常方式
try:
    <可能发生异常的代码块>
except <异常名称>:
    <处理异常的代码块>
except <异常名称>:
    <处理异常的代码块>
finally:
    <最终无论是否发生异常,都需要执行的代码块>

# 单except处理多异常方式
try:
    <可能发生异常的代码块>
except <异常名称>,<异常名称>:
    <处理异常的代码块>
finally:
    <最终无论是否发生异常,都需要执行的代码块>
```

接下来,我们通过一个例子来深入地了解 try-except-finally 语句:

```
def test():
    try:
        print(1/0)
        return 'Good'
    except BaseException as e:
        print(e)
        return e
    except ZeroDivisionError as e:
        print(e)
        return e
    finally:
        print('Finally')
        return 'Finally'


text = test()
print(text)
```

以下是样例输出：

```
division by zero
Finally
Finally
```

在上述代码中需要说明的是，不建议在异常处理的结构体当中进行 return 操作，因为这样会使得程序的可读性不佳。

我们来分析一下上述代码，首先 try 语句中会造成一个 ZeroDivisionError，并且由于多个 except 之间是互斥的，Python 解释器执行 ZeroDivisionError 的处理代码块进行处理，进而有了打印输出，并且应该返回该错误的说明。但是，之前提到了 finally 代码块，该代码块是无论如何都会执行的，那么此时错误处理完成后紧接着进入 finally 执行，但该代码块中又有一个返回值，此时该返回值才是真正的函数返回值。也就是说，finally 的返回值会"冲销"之前一切的返回，真正的返回值存在于 finally 之中。

10.4　else

else 关键字在许多地方都已经出现过，相信读者并不陌生。之前 else 曾经出现在 if 语句中，用作条件判断；else 也曾出现在 for 语句中，当循环正常退出时，执行 else 下方的语句块。那么在异常处理当中，else 的作用和 for 语句中的 else 差不多，都是表示正常情况下执行的语句块。实质上，完整的错误处理语句为 try-except-else-finally，其使用格式大致如下：

第 10 章 异常处理

```
try:
    <可能引起异常的语句块>
except <异常名称>,<异常名称>:
    <处理异常的代码块>
else:
    <未出现异常时执行的代码块>
finally:
    <无论是否出现异常均执行的代码块>
```

接下来，我们通过一个实例一起来了解 try-except-else-finally 的使用方式：

```
'''
该程序接收两次用户输入，用户保证输入一定为数字
计算两个数字相除的结果，并且展现给用户。
'''
a = input('Input the first number: ')
b = input('Input the second number: ')

try:
    result = float(a)/float(b)
except ZeroDivisionError as e:
    print(e)
else:
    print(result)
finally:
    print('Complete!')
```

以下是样例输出：

```
Input the first number: 1
Input the second number: 2
0.5
Complete!

---

Input the first number: 1
Input the second number: 0
float division by zero
Complete!
```

10.5 raise

raise 也是 Python 中的一个关键字，其作用是用来向 Python 解释器排除一个异常，以让解释器能够识别。有的读者可能会有疑问，程序运行过程中，我们应当想方设法地减

少异常的产生以及正确地处理可能发生的异常,为何我们还需要在程序中抛出异常呢?

原因是这样的,一般我们在编写自定义模块的时候,是不会在模块的程序中直接处理异常,而是将程序中可能出现的异常或者不符合开发者预期的异常直接抛出,将其交给调用者,使得调用者警觉进而修改其输入内容。那么在程序中抛出错误,就难免会使用到 raise 语句了。

在使用 raise 语句时,笔者建议的格式如下:

```
raise <错误名称(已有错误或者自定义错误)>
```

raise 语句一旦被执行,raise 后面的语句将不能被执行。当使用 raise 语句来引发一个异常时,异常或错误对象必须有一个显式的名字,且它们应是 Error 或 Exception 的子类。

```
from pathlib import Path


file_path = input('Please input a absolute path: ')
p = Path(file_path)

if not p.exists():
    raise FileNotFoundError('File does not exists.')
```

以下是样例输出:

```
lease input a absolute path: C:/aaa
FileNotFoundError: File does not exists.
```

由上述程序运行结果可以看出,调用栈中出现了我们的 raise 语句,那么也就说明我们书写的 raise 是有效果的,成功引发了异常。

10.6 自定义异常

自定义异常在 Python 中较为常见,因为 Python 中自带的异常类型不足以描述多样程序中的错误,也有可能对某些具体异常描述不清,因此在 Python 中可以对异常进行自定义,以完善对错误的描述。并且自定义方式使用的是类的继承形式,语义清晰,书写方便。同时,自定义错误可以被 raise 抛出。

所有的自定义异常,只需继承父类 Exception,并且在自定义异常类中,重写父类 __init__ 方法即可。

```
class CustomError(Exception):
    def __init__(self):
        error = 'This is custom error.'
        super().__init__(error)

raise CustomError
```

以下是样例输出：

```
__main__.CustomError: This is custom error.
```

10.7 静态类型检查

Python 是一门动态语言，它是一边编译一边运行的，这使得程序不用通过预先编译完成后再运行。但是，Python 也是一门强类型的动态语言。在 Python 代码编写时，对于函数或者方法，我们根本不用注明它们的类型，这些类型由 Python 解释器在运行过程中自行"猜测"。但是，如果程序存在非预期的输入时，程序就会抛出异常，因此为了减少这类情况发生，笔者推荐使用静态类型检查。静态类型检查在 Python 3.6 及其以后才作为标准库存在，用于标识变量、参数以及返回值的类型。这样的标识主要用于辅助开发者的开发过程，减少因为类型错误而造成的程序运行中断，并且用于辅助 IDE 提示开发者。Python 中的静态类型检查在实际运行过程中是不生效的，因此在实际运行过程中，仍可以不符合静态类型检查规则，这一点是值得读者注意的。但是为了减少代码类型错误，提高开发效率，笔者强力推荐使用静态类型检查。

在 Python 中进行静态类型检查需要知道如下内容。

1) 基本数据结构：整型、浮点型、字符串、列表、元组、字典等基本数据结构。
2) ":"：冒号用来表示变量或者参数的类型。
3) "->"：箭头用来标识函数返回值的类型。
4) typing 模块：Python 中用于静态类型检查的模块。

接下来我们通过实例来讲解在 Python 中如何进行简单的静态类型检查：

```python
from typing import Any, Dict, List


class ParseTelegram:
    '''
    报文解析
    '''

    # 结果容器，用于盛装结果的字典
    # Dict[str, Any] 代表 RESULT 为字典
    # 键为字符串类型，值可以使用任意类型
    RESULT: Dict[str, Any] = {
        'time': '',
        'airport': ''
    }

    def __init__(self, telegrams: List[str])->None:

        # 报文列表
```

```
        # List[str] 表示 telegrams 为列表类型
        # 其中每一项都是字符串
        self.telegrams: List[str] = telegrams

    def parse(self)->List[Dict[str, Any]]:
        '''
        -> List[Dict[str, Any]] 是返回类型的静态类型检查
        表示返回为一个列表,列表的每一项为字典
        并且字典中的键是字符串,值是任意类型
        '''
        # 构造容器用于放置所有结果
        container: List[Dict[str, Any]] = list()
        # 循环解析
        for t in self.telegrams:
            info: List[str] = t.split()
            #防止结果互相干扰,使用 copy 方法
            result: Dict[str, Any] = self.RESULT.copy()
            result['time'] = info[0]
            result['airport'] = info[1]
            container.append(result)

    return container


telegrams: List[str] = [
    '010000Z ZBAA',
    '010030Z ZBAA'
]
parser = ParseTelegram(telegrams)
print(parser.parse())
```

10.8 小　　结

完成本章阅读后,读者应该能够了解如何在 Python 中进行异常处理,并且了解到异常处理的重要性。同时,在编写代码的过程中,能够自行编写自定义异常且能够使用它给调用者返回有价值的信息。

完成本章阅读后,读者应当能够使用简单的静态类型检查,增强代码的逻辑意识,即使在没有类型检查的情况下,能够自如地推断变量、参数以及返回值的类型。这一点对编写大规模的代码很有帮助。

第 11 章 Python 计算生态

Python 语言的计算生态可以说是比较良好的，因为 Python 无论从标准库还是从第三方库来看，都是在不断地更新与完善之中的。

从另一个角度说，Python 语言之所以能够完成很多事情，如数据处理、图像绘制、人工智能、网络编程等，不仅仅依赖于 Python 标准库的存在，也依赖于全世界范围的开发者开源他们的代码成果，使得 Python 语言较为全能。虽然说 Python 语言的性能现在看来不尽如人意，但是 Python 语言仍处在不断发展的阶段，未来还是可以期待的。

本章将对 Python 语言计算生态进行简单的说明，从标准库和第三方库两个方面进行计算生态的梳理，从而让读者可以整体上把握 Python 语言。

11.1 标 准 库

Python 标准库的体系十分庞大，官方所提供的模块涉及范围很广，这也使得 Python 语言编写起来较为方便。读者不可能短时间内掌握所有 Python 标准库，此处罗列出标准库名称以及大致作用是让读者对 Python 语言的标准库有一个了解，在需要使用时仅需查阅其文档，结合本书之前介绍的编程基础与编程方法使用标准库即可。

Python 内置的标准库，提供了日常编程的许多标准解决方案，并且其中的模块都是经过专门设计的，满足跨平台的需要。

此处需要特别说明的是：Windows 下的 Python 程序包含整个标准库，同时包含其他需要的组件。但是对于 Unix 操作系统，由于系统内部情况，Python 通常会分成一系列的软件包，因此需要使用系统所提供的包管理工具来获取这些组件。

以下将对 Python 的标准库进行罗列：

- 数学相关
  - cmath：复数相关的数学函数
  - decimal：浮点数计算
  - fractions：有理数相关
  - math：基本数学函数
  - numbers：数值相关
  - random：随机数相关
- 二进制相关
  - codecs：注册表、基类编解码
  - struct：字节数据和二进制数据相关
- 文本操作相关
  - difflib：差异计算
  - re：正则表达式
  - readline：GNU 按行读取接口
  - rlcompleter：GNU 按行读取的实现
  - string：字符串操作
  - stringprep：互联网字符串工具
  - textwrap：填充文本
  - unicodedata：Unicode 编码字符库
- 文件相关
  - csv：.csv 文件相关
  - configparser：配置文件解析

- netrc：netrc 文件处理器
- plistlib：Mac OS X.plist 文件相关
- xdrlib：XDR 数据相关
- 数据类型相关
  - array：数值数组
  - bisect：二分算法
  - calendar：日历计算相关
  - collections：数据容器
  - copy：深浅复制
  - datetime：日期与时间工具
  - heapq：堆队列算法
  - pprint：格式化输出
  - reprlib：代替 repr()
  - types：内置类型相关
  - weakref：弱引用
- 函数式编程相关
  - functools：高阶函数
  - itertools：高效迭代器
  - operator：高阶函数操作
- 文档相关
  - filecmp：文件与目录的比较
  - fileinput：多输入流遍历行
  - fnmatch：Unix 风格路径名格式比对
  - glob：Unix 风格路径名格式的扩展
  - linecache：文本行缓存
  - macpath：Mac 路径控制
  - os.path：通用路径名控制
  - pathlib：文件路径操作
  - shutil：高级文件操作
  - stat：文件 stat 相关
  - tempfile：临时文件/目录
- 压缩相关
  - bz2：bzip2 压缩相关
  - gzip：gzip 压缩相关
  - lzma：LZMA 压缩算法
  - tarfile：tar 压缩相关
  - zipfile：zip 压缩相关
  - zlib：兼容 gzip 的压缩形式
- 加密
  - hashlib：安全散列/消息摘要
  - hmac：针对消息认证的键散列
- 持久化
  - copyreg：对 pickle 的支持函数
  - marshal：内部 Python 对象序列化
  - pickle：Python 对象序列化
  - shelve：Python 对象持久化
  - sqlite3：SQLite 数据库接口
- 操作系统级别工具
  - argparser：命令行处理相关
  - ctypes：外部函数库操作相关
  - curses：终端字符显示相关
  - errno：标准错误
  - getopt：C 风格命令行选项解析器
  - getpass：密码输入
  - io：输入输出流相关
  - logging：日志相关
  - optparser：命令行选项解析器
  - os：操作系统工具接口
  - platform：访问底层平台
  - time：时间相关
- 并发支持
  - concurrent：并发处理
  - dummy_threading：当 _thread 不可用时的替代
  - future：新作业调度模块
  - multiprocessing：进程上并行
  - queue：队列
  - sched：作业调度
  - select：等待 I/O 完成
  - subprocess：子进程相关
  - threading：线程上的并行
  - _dummy_thread：当 _thread 不可用时的替代

- _thread：底层的线程 API
- 进程通信
  - asynchat：异步套接字命令/响应处理器
  - asyncore：异步套接字处理器
  - mmap：内存映射文件支持
  - signal：异步事务信号处理器
  - socket：网络套接字相关
  - ssl：socket 对象 TLS/SSL 填充器
- 互联网相关
  - base64：Base64 编码相关
  - binascii：二进制/ASCII 间转化
  - binhex：binhex4 文件编解码
  - cgi：CGI 相关
  - cgitb：CGI 脚本反向追踪管理器
  - email：邮件处理
  - ftplib：FTP 相关
  - html：HTML 支持
  - http：HTTP 相关
  - imaplib：IMAP4 相关
  - ipaddress：IPv4 / IPv6 相关
  - json：JSON 编解码
  - mailbox：邮箱控制相关
  - mailcap：mailcap 文件处理
  - mimetypes：文件名与 MIME 类型映射
  - nntplib：NNTP 相关
  - poplib：POP 相关
  - quopri：quoted - printable 数据编解码
  - socketserver：socket 服务器
  - smtpd：SMTP 服务器
  - smtplib：SMTP 相关
  - telnetlib：Telnet 相关
  - urllib：URL 处理
  - uu：uuencode 文件的编解码
  - uuid：UUID 对象
  - webbrowser：简易 Web 浏览器
  - wsgiref：WSGI 相关
  - xml：XML 处理模块
  - xmlrpc：XML - RPC 相关
- 多媒体
  - aifc：AIFF/AIFC 文件读写
  - audioop：处理原始音频数据模块
  - chunk：读取 IFF 文件
  - colorsys：颜色系统转化
  - imghdr：指定图像类型
  - ossaudiodev：访问兼容 OSS 的音频设备
  - sndhdr：指定声音文件类型
  - sunau：读写 Sun AU 文件
  - wave：读写 WAV 文件
- 国际化
  - gettext：多语言国际化服务
  - locale：国际化服务
- 编程框架
  - cmd：基于行的命令解释器支持
  - shlex：简单词典分析
  - tkinter：Tk 图形用户接口
  - turtle：Turtle 图形库
- 开发工具
  - bdb：调试框架
  - doctest：交互式 Python 示例
  - faulthandler：反向追踪库
  - pdb：调试器
  - pydoc：文档生成器和在线帮助系统
  - test：回归测试包
  - timeit：代码执行时间测算
  - trace：执行状态追踪
  - unittest：单元测试
  - venv：虚拟环境
- 运行程序相关
  - abc：虚基类

- atexit：出口处理器
- builtins：内置对象
- code：基类解释器
- codeop：编译 Python 代码
- contextlib：with 状态上下文工具
- distutils：生成和安装 Python 模块
- fpectl：浮点数异常控制
- gc：垃圾回收
- inspect：检查存活的对象
- main：顶层脚本环境
- site：配置钩子
- sys：系统相关的参数/函数
- sysconfig：Python 配置信息
- traceback：反向追踪
- warnings：警告控制
- __future__：未来状态预定义

- 导入模块
  - imp：import 模块内部
  - importlib：import 的一种实施
  - modulefinder：通过脚本查找模块
  - pkgutil：包扩展工具
  - runpy：定位并执行 Python 模块
  - zipimport：从 zip 文件中导入

- Python 语言相关
  - ast：抽象句法树
  - compileall：按字节编译 Python 库
  - dis：Python 字节码的反汇编器
  - symbol：Python 解析树中的常量
  - symtable：访问编译器符号表
  - keyword：Python 关键字测试
  - tabnany：模糊缩进检测
  - token：Python 解析树中的常量
  - tokenize：Python 源文件分词
  - parser：访问 Python 解析树
  - pickletools：序列化开发工具
  - pyclbr：Python 类浏览支持
  - py_compile：编译 Python 源文件

- Unix 相关
  - posix：最常用的 POSIX 调用
  - pwd：密码数据库
  - spwd：影子密码数据库
  - grp：组数据库
  - crypt：Unix 密码验证
  - termios：POSIX 风格的 tty 控制
  - tty：终端控制函数
  - pty：伪终端
  - fcntl：系统调用 fcntl() 和 ioctl()
  - pipes：shell 管道接口
  - resource：资源可用信息
  - nis：Sun NIS 接口
  - syslog：程序库

- 其他
  - formatter：通用格式化输出

- Windows 相关
  - msilib：读写 Windows Installer 文件
  - msvcrt：MS VC++ Runtime 相关
  - winreg：Windows 注册表访问
  - winsound：Windows 声音播放接口

11.2 第三方库

现在编程已没必要再进行"刀耕火种"的开发，而应该"站在前人的肩膀"上，因为刚开始接触 Python 需要写出优秀的模块或者项目比较困难，可以先"站在前人的肩膀"上，再慢慢领会。

Python 除了很多内置的标准库以外，还有很多全世界的开发者开发的第三方库，这些库涉及各个方面、各个领域，为的就是技术上的交流。所以在遇到问题时先不要着急，可以查阅相关领域是否已经有了相关模块，如果存在这样的模块，那么就可以先拿来进行使用。

本节将简单介绍如何安装第三方库，并且简单介绍部分领域常用的第三方库。

11.2.1 获取与安装

第三方包的获取与安装都是在我们所说的"小黑窗"中进行的，也就是这是一些命令行的语句。这些语句无论是在 Windows 中还是在 Unix 操作系统中都可以使用，只是有的部分会有一些差别，但是大同小异。

第三方包的获取与安装是需要借助工具完成的，官方自带的包管理工具是 pip，初学者可以先从 pip 命令入手。另一个是 conda 工具，该工具不仅仅是包管理工具，也是环境管理工具，使用起来相对更加灵活，当读者掌握了 pip 的使用方法后，可以逐步过渡到 conda 的使用。对于科学计算来说，笔者推荐使用 conda 作为包管理工具，因为它帮助我们完成了很多我们看不到的东西。

(1) pip 工具

pip 包管理工具，是官方集成在 Python 安装包当中的，无需再自行下载。使用 pip 可以直接从网络上获取安装包后进行安装，也可以直接安装本地的车轮文件 (.whl)。

读者可通过以下命令来查看当前是否安装 pip 以及它的版本：

```
pip --version
```

以下是样例输出：

```
pip 19.0.3 from E:\ProgramData\Anaconda3\lib\site-packages\pip
(python 3.7)
```

通过以下命令可以查看 pip 的帮助信息，在遗忘部分命令的时候可以借助该命令快速回忆：

```
pip --help
```

以下是样例输出：

```
Usage:
pip <command> [options]

Commands:
install                     Install packages.
download                    Download packages.
uninstall                   Uninstall packages.
freeze                      Output installed packages in requirements
                            format.
list                        List installed packages.
show                        Show information about installed packages.
check                       Verify installed packages have compatible
```

```
                              dependencies.
config                        Manage local and global configuration.
search                        Search PyPI for packages.
wheel                         Build wheels from your requirements.
hash                          Compute hashes of package archives.
completion                    A helper command used for command completion.
help                          Show help for commands.

General Options:
-h, --help                    Show help.
--isolated                    Run pip in an isolated mode, ignoring
                              environment variables and user configuration.
-v, --verbose                 Give more output. Option is additive, and can
                              be used up to 3 times.
-V, --version                 Show version and exit.
-q, --quiet                   Give less output. Option is additive, and can
                              be used up to 3 times (corresponding to
                              WARNING, ERROR, and CRITICAL logging levels).
--log <path>                  Path to a verbose appending log.
--proxy <proxy>               Specify a proxy in the form
                              [user:passwd@]proxy.server:port.
--retries <retries>           Maximum number of retries each connection
                              should attempt (default 5 times).
--timeout <sec>               Set the socket timeout (default 15 seconds).
--exists-action <action>      Default action when a path already exists:
                              (s)witch,(i)gnore,(w)ipe,(b)ackup,(a)bort).
--trusted-host <hostname>     Mark this host as trusted, even though it does
                              not have valid or any HTTPS.
--cert <path>                 Path to alternate CA bundle.
--client-cert <path>          Path to SSL client certificate, a single file
                              containing the private key and the certificate
                              in PEM format.
--cache-dir <dir>             Store the cache data in <dir>.
--no-cache-dir                Disable the cache.
--disable-pip-version-check
Don't periodically check PyPI to determine whether a new version of pip is
      available for download. Implied with --no-index.
--no-color                    Suppress colored output
```

使用以下命令可以查看当前已经安装的第三方包：

```
pip list
```

以下是样例输出：

第 11 章　Python 计算生态

```
Package           Version
---------------   -------------------
certifi           2019.11.28
pip               19.3.1
setuptools        44.0.0.post20200106
wheel             0.33.6
wincertstore      0.2
```

可以使用以下命令安装包，之后 pip 会帮我们处理好一些包的依赖等内容，读者等待安装即可。完成安装后，可再次使用 pip list 查看安装情况。

```
# 安装最新版：pip install <包名称>
pip install netcdf4
# 安装指定版本：pip install <包名称>==<版本号>
pip install netcdf4==1.0.0
```

以下是样例输出：

```
Collecting netcdf4
Downloading https://files.pythonhosted.org/packages/72/0c/9
    a582a18072c4ff40
    bc70d7bbb7915e64c82cf15812b1a248abc8f73bd9f/netCDF4-1.5.3-cp37-cp37m-
    win32.whl (2.5MB)
|================================| 2.5MB 27kB/s
Collecting cftime
Downloading https://files.pythonhosted.org/packages/63/2e/a36fe23889891
    abe5efe7b414b466a932773131f2760eb16710c49d0e2f6/cftime-1.0.4.2-cp37
    -none-win32.whl(172kB)
|================================| 174kB 28kB/s
Collecting numpy>=1.7
Downloading https://files.pythonhosted.org/packages/b5/6d/f52c0bc2359fe680
    aef4622bd52964f81f2882bdcf1d57ec27ba27d9bd10/numpy-1.18.1-cp37-cp37m-
    win32.whl (10.8MB)
|================================| 10.8MB 47kB/s
Installing collected packages: numpy, cftime, netcdf4
Successfully installed cftime-1.0.4.2 netcdf4-1.5.3 numpy-1.18.1
```

可以使用以下命令卸载包：

```
# pip uninstall <包名称>
pip uninstall netcdf4
```

以下是样例输出：

```
Uninstalling netCDF4-1.5.3:
Would remove:
e:\programdata\anaconda3\envs\lesson\lib\site-packages\netcdf4-1.5.3
```

```
        .dist-info\*
e:\programdata\anaconda3\envs\lesson\lib\site-packages\netcdf4\*
e:\programdata\anaconda3\envs\lesson\scripts\nc3tonc4.exe
e:\programdata\anaconda3\envs\lesson\scripts\nc4tonc3.exe
e:\programdata\anaconda3\envs\lesson\scripts\ncinfo.exe
Proceed (y/n)? y
Successfully uninstalled netCDF4-1.5.3
```

在安装包的时候可能会遇到网络较慢的情况，这是因为 Python 的源在国外，国内受限，所以可以使用清华镜像，将下载源转至国内，从而提高下载速度，换源的具体方式可能会发生改变，具体请读者参照清华镜像。

```
# pip install -i https://pypi.tuna.tsinghua.edu.cn/simple <包名称>
pip install netcdf4
```

以下是样例输出：

```
Looking in indexes: https://pypi.tuna.tsinghua.edu.cn/simple
Collecting netcdf4
Downloading https://pypi.tuna.tsinghua.edu.cn/packages/72/0c/9a582a18072c4
    ff40bc70d7bbb7915e64c82cf15812b1a248abc8f73bd9f/netCDF4-1.5.3-cp37-
    cp37m-win32.whl (2.5MB)
|================================| 2.5MB 930kB/s
Collecting cftime
Downloading https://pypi.tuna.tsinghua.edu.cn/packages/63/2e/a36fe23889891
    abe5efe7b414b466a932773131f2760eb16710c49d0e2f6/cftime-1.0.4.2-cp37-
    none
    -win32.whl (172kB)
|================================| 174kB 6.4MB/s
Collecting numpy>=1.7
Downloading https://pypi.tuna.tsinghua.edu.cn/packages/b5/6d/f52c0bc2359fe
    680aef4622bd52964f81f2882bdcf1d57ec27ba27d9bd10/numpy-1.18.1-cp37-
        cp37m
    -win32.whl (10.8MB)
|================================| 10.8MB 6.4MB/s
Installing collected packages: numpy, cftime, netcdf4
Successfully installed cftime-1.0.4.2 netcdf4-1.5.3 numpy-1.18.1
```

我们之前使用 pip install 的时候，安装第三方包都是在线安装的形式，但是有时候在线安装并不那么方便，因此需要采取离线安装的方式。这时候，我们就会需要用到车轮 (.whl 文件)。离线安装主要有以下步骤：① 下载合适当前 Python 版本的.whl 文件到确定的文件夹；② 命令行切换到上一步中确定的文件夹中；③ 使用 pip install <名称.whl> 来安装第三方包。

(2) conda 工具

在科学计算当中，笔者推荐使用 conda 命令进行环境的配置。因为它不仅可以隔离多个环境，还可以将多个包之间的依赖关系搭建得更加坚实。但是就目前来看，conda 命令离线安装第三方包较为复杂。不过，瑕不掩瑜，conda 还是相对好用的一个工具。

conda 命令是安装 anaconda 后才能够使用的一个命令，具体安装方式本书已经进行过讲述，在此不赘述。

首先我们可以通过 conda 命令新建一个环境，接下来的操作都将在该环境内完成，不影响其他环境：

```
conda create -n lesson python=3.7
```

以下是样例输出：

```
Collecting package metadata (repodata.json): done
Solving environment: done

## Package Plan ##

environment location: E:\ProgramData\Anaconda3\envs\lesson

added / updated specs:
- python=3.7


The following NEW packages will be INSTALLED:

ca-certificates    anaconda/pkgs/main/win-32::ca-certificates-2019.11.27-0
certifi            anaconda/pkgs/main/win-32::certifi-2019.11.28-py37_0
openssl            anaconda/pkgs/main/win-32::openssl-1.1.1d-he774522_3
pip                anaconda/pkgs/main/win-32::pip-19.3.1-py37_0
python             anaconda/pkgs/main/win-32::python-3.7.6-h60c2a47_2
setuptools         anaconda/pkgs/main/win-32::setuptools-44.0.0-py37_0
sqlite             anaconda/pkgs/main/win-32::sqlite-3.30.1-he774522_0
vc                 anaconda/pkgs/main/win-32::vc-14.1-h0510ff6_4
vs2015_runtime     anaconda/pkgs/main/win-32::vs2015_runtime-14.16.27012
                   -hf0eaf9b_1
wheel              anaconda/pkgs/main/win-32::wheel-0.33.6-py37_0
wincertstore       anaconda/pkgs/main/win-32::wincertstore-0.2-py37_0


Proceed ([y]/n)?

Preparing transaction: done
Verifying transaction: done
Executing transaction: done
#
# To activate this environment, use
```

```
#
#     conda activate lesson
#
# To deactivate an active environment, use
#
#     conda deactivate
```

使用 conda activate lesson 进入 lesson 环境后，安装、升级、卸载命令和使用 pip 大同小异：

```
conda install <包名称>
conda install <包名称>==<版本号>
conda remove <包名称>
conda update <包名称>
```

conda 的具体使用可以通过以下命令快速查阅：

```
conda --help
```

以下是样例输出：

```
usage: conda-script.py [-h] [-V] command ...

conda is a tool for managing and deploying applications, environments
    and packages.

Options:

positional arguments:
command
    clean        Remove unused packages and caches.
    config       Modify configuration values in .condarc. This is modeled
after the git config command. Writes to the user .condarc
file (C:\Users\Queensbarry\.condarc) by default.
    create       Create a new conda environment from a list of specified
packages.
    help         Displays a list of available conda commands and their help
strings.
    info         Display information about current conda install.
    init         Initialize conda for shell interaction. [Experimental]
    install      Installs a list of packages into a specified conda
environment.
    list         List linked packages in a conda environment.
    package      Low-level conda package utility. (EXPERIMENTAL)
    remove       Remove a list of packages from a specified conda environment.
```

```
uninstall      Alias for conda remove.
run            Run an executable in a conda environment. [Experimental]
search         Search for packages and display associated information. The
               input is a MatchSpec, a query language for conda
               packages.
See examples below.
update         Updates conda packages to the latest compatible version.
upgrade        Alias for conda update.

optional arguments:
-h, --help     Show this help message and exit.
-V, --version  Show the conda version number and exit.

conda commands available from other packages:
build
convert
debug
develop
env
index
inspect
metapackage
render
server
skeleton
verify
```

11.2.2 不同领域的第三方库简介

对于初学者来说，Python 是一个很庞大的体系。有的读者可能会有一些迷茫，究竟我需要用 Python 解决什么问题呢？本节就是解决这个问题的，读者可以通过阅读本节内容，了解不同领域 Python 一般使用什么第三方库来解决问题。同时激发读者的兴趣，从而解决"需要用 Python 解决什么"这个问题。

11.2.2.1 数据处理/科学计算

(1) Numpy：多维数组基础库

1) Python 接口使用，底层使用 C 语言实现，计算速度优异；

2) Python 数据分析及科学计算的最基础的库；

3) 提供直接的矩阵运算、广播函数、线性代数等功能；

4) 官方网址：http://www.numpy.org。

(2) Pandas：Python 高层次数据分析库

1) 提供易用的数据结构；

2) 索引操作简化编程过程；

3) 基于 Numpy 的升级数据分析库；
4) 官方网址：http://pandas.pydata.org。

(3) Scipy：数学，科学和工程计算功能库

1) 集成数学算法及工程数据运算功能；
2) 基于 Numpy 开发的优秀科学计算库；
3) 官方网址：http://www.scipy.org。

11.2.2.2 数据可视化

(1) Matplotlib：高质量的基础可视化库

1) 展示效果多样，可修改性极强；
2) Python 最基础的数据可视化库；
3) 官方网址：http://matolotilb.org。

(2) Basemap：GIS 数据可视化

1) 可定制性强，数据展示在地图上方；
2) 基于 Matplotlib 开发；
3) 官方网址：https://basemaptutorial.readthedocs.io/en/latest/。

(3) Seaborn：统计类数据可视化功能库

1) 高层次统计类数据可视化展示；
2) 展示数据间分布、分类和线性关系等；
3) 基于 Matplotlib 开发；
4) 官方网址：http://seaborn.pydata.org/。

(4) Mayavi：三维科学数据可视化功能库

1) 3D 科学计算数据可视化展示效果；
2) 三维可视化最主要的库；
3) 官方网址：http://docs.enthought.com/mayavi/mayavi/。

11.2.2.3 机器学习

(1) Scikit-learn：机器学习方法基本工具集

1) 提供聚类、分类、回归、强化学习等基本计算功能；
2) 机器学习最基本的第三方库；
3) 官方网址：http://scikit-learn.org/。

(2) TensorFlow：工业界常用的机器学习库

1) 谷歌公司推动的开源机器学习框架；
2) 静态计算图；
3) 支撑谷歌人工智能应用；
4) 官方网址：http://tensorflow.google.cn。

(3) PyTorch：学术界常用的机器学习库

1) Facebook 推动的开源机器学习框架；
2) 动态计算图；

3) 支撑 Facebook 人工智能应用，现广泛运用于学术界；
4) 官方网址：https://pytorch.org/。

(4) NXNet：基于神经网络的深度学习框架

1) 提供可扩展的神经网络及深度学习计算功能；
2) 可用于自动驾驶、机器翻译、语音识别等众多领域；
3) 官方网址：https://mxnet.incubator.apache.org/。

11.2.2.4　Web 开发

(1) Django：流行的 Web 应用框架

1) 提供了构建 Web 系统的基本应用框架；
2) 基于该框架开发简易且功能完善；
3) 完整的 Web 应用框架；
4) 官方网址：https://www.djangoproject.com。

(2) Flask：Web 应用开发微框架

1) 提供了最简单构建 Web 系统的应用框架；
2) 简单、轻量级；
3) 官方网址：http://flask.pocoo.org。

11.3　小　　结

Python 拥有一个庞大的生态，从简单应用到复杂工程，均能在其生态当中找到所需要的库来完成所需完成的工作。如此庞大生态的学习不能一蹴而就，需要读者在真正编写程序的过程当中查阅相关资料，选取生态中对程序编写有帮助的库进行学习。

第 12 章 正则表达式

相信读者看到本章题目时，会产生一个极大的疑问，什么是"正则表达式"？这个表达式的命名怎么会如此奇特呢？本章就带大家一起探索正则表达式，以及它在 Python 中的应用。

12.1 什么是正则表达式

正则表达式，又可以称为规则表达式 (regular expression，简写 regex/regexp/RE)，这是出现在计算机学科中的一个非常重要的概念。

正则表达式一般是用于检索、替换符合给定正则表示规则的文本，同时也可以用于验证所给文本是否符合某种规定。

许多编程语言或多或少地提供了正则表达式供开发者使用，虽然它们的语法不尽相同，但正则表达式的引擎与原理是一致的。

总的来说，正则表达式就是一种逻辑公式，这个公式的作用对象并不是我们常见的数字，而是使用预先定义好的字符，套用到需要检测的字符串中，进行"过滤"。

正则表达式有如下优缺点。

1) 优点：① 正则表达式非常灵活，其逻辑性和功能性非常强；② 可用最简单的字符串控制极其复杂的文本。

2) 缺点：① 规则与特殊字符烦琐，难以形成系统记忆；② 对于初学者不是很友好，较为晦涩难懂。

12.2 正则表达式书号

正则表达式实质上就是一个字符串，由普通字符和元字符组成的"漏斗"。如果想要真正的用好正则表达式，第一步必须理解元字符的概念。以下是对元字符的解释：

元字符	含义解释	备注
\\	转义字符，表示不将下一个字符看成转义字符	\\ 将匹配 \；\\n 将匹配 \n
^	代表匹配每行的首个字符开始，用来标记开始位置	
$	代表匹配每行的末尾字符结束，用来标记结束位置	
*	代表匹配该字符前给定的表达式任一次数	fo*t 可以匹配 ft、fot、foot；该字符等价于 {0,}
+	代表匹配该字符前给定的表达式至少一次	fo*t 可以匹配 fot、foot；该字符等价于 {1,}
?	①代表匹配该字符前给定的表达式至多一次；②该字符跟在限制符 (*/+/?/{n}/{n,}/{n,m}) 后时，表示此次匹配为非贪婪模式 (默认为贪婪模式)，将尽量减少被匹配的内容	fo*t 可以匹配 ft、fot；该字符等价于 {0,1}；对于 foot 来说，o+ 的匹配结果为 oo，而 o+? 的匹配结果为 o、o
{n}	代表匹配该字符前给的表达式 n 次	f{2}t 匹配 foot

续表

元字符	含义解释	备注
{n,}	代表匹配该字符前给的表达式至少 n 次，n 需为非负整数	f{2,}t 匹配 foot、fooot；{0,1} 等价于?；{1,} 等价于 +
{n,m}	代表匹配该字符前给的表达式 n～m 次	{0,2} 可以匹配 foot、fot、ft；{0,1} 等价于?
.	代表匹配除了 \n 和 \r 之外的任何单个字符	
(表达式)	增加括号表示符合正则表达式的内容将会被提取	对于 foot 来说，(o+) 将会匹配 foot 并且 oo 在结果中可以被访问
(?:表达式)	此时代表不获取该匹配内容，仅用于匹配字符串	controlle(?:r|d) 将匹配 controller 和 controlled
(?=表达式)	该匹配不会获取括号中的内容，仅用于匹配字符串。该模式为正向肯定预查，用于匹配满足该表达式内容的字符串	controller(?=A|B) 能够匹配 controllerA 与 controllerB 中的 controller，但是不能匹配 controllerC 中的 controller
(?!表达式)	该匹配不会回去括号中的内容，仅用于匹配字符串。该模式为正向否定预查，用于匹配不满足该表达式内容的字符串	controller(?!A|B) 能够匹配 controllerC 中的 controller，但是不能匹配 controllerA 与 controllerB 中的 controller
(?<=表达式)	反向肯定预查	Python 中没有完全实该功能
(?<!表达式)	反向否定预查	Python 中没有完全实该功能
|	该符号前后的两个内容均可被匹配	f(oo|ee)t 可以匹配 foot 和 feet
[]	该括号中填写需要匹配的字符集合，该情况用来匹配满足括号中填写的任意一个字符	[ft] 可以匹配 foot 中的 f 和 t
[^]	该括号中填写不需要匹配的字符集合，该情况用来匹配不满足括号中填写的任意一个字符	[^ft] 可以匹配 foot 中的 o、o
[-]	匹配字符范围	[a-z] 可以匹配由 a～z 范围内的所有小写字母
[^-]	不匹配字符范围	[^a-z] 可以匹配所有不在 a～z 范围内的任一字符
\b	匹配单词字符边界，即单词首或尾	ry\b 可以匹配 every 中的 ry，但是不能匹配 eryone 中的 ry
\B	匹配非单词字符边界，即匹配内容不处于单词首或尾	ry\B 可以匹配 everyone 中的 ry，但是不能匹配 erery 中的 ry
\cx	匹配一个由 x 指明的控制字符，x 的值需在 [a-zA-Z] 范围以内，否则该字符无效	\cA 将匹配 Control - A 或者回车符号
\d	匹配数字字符，可理解为 [0～9]	
\D	匹配非数字字符，可理解为 [^0-9]	
\f	匹配换页符，等价于 \x0c 或 \cL	
\n	匹配换行符，等价于 \x0a 或 \cJ	
\r	匹配回车符，等价于 \x0d 或 \cM	
\s	匹配不可见字符，等价于 [\f\n\r\t\v]	
\S	匹配可见字符，等价于 [^\f\n\r\t\v]	
\t	匹配制表符，等价于 \x09 或 \cI	
\v	匹配垂直制表符，等价于 \x0b 或 \cK	
\w	匹配包括下划线的单词字符	
\W	匹配非单词字符	

12.3 re 模块

re 模块是 Python 中处理正则表达式的一个标准库，在使用该模块时，有了前面正则表达式的基础，再结合本节的案例以及模块方法实例，读者应该能够更快地理解正则表达式。

12.3.1 re.match

```
import re

# re.match 将会从起始位置开始匹配字符串，若匹配成功，将会返回成功匹配的
  对象
# 若匹配失败，则将会返回 None

# re.match 函数语法
re.match(pattern, string, flags = 0)
```

参数说明：

参数名称	参数含义
pattern	用以匹配的正则表达式
string	用正则表达式测试的文本
flags	标志符号

以下是 re.match 的使用样例：

```
import re

pattern = 'Queensbarry'

string_1 = 'Queensbarry is author.'
string_2 = 'The book is written by Queensbarry.'

result_1 = re.match(pattern, string_1)
result_2 = re.match(pattern, string_2)

print(result_1)
print(result_2)

print('--------')

for result in [result_1, result_2]:
    if result is not None:
        print(result.span())
    else:
        print('Not found!')
```

以下是样例输出：

```
<re.Match object; span=(0, 11), match='Queensbarry'>
None
--------
```

```
(0, 11)
Not found!
```

由上述代码的运行结果可以看到，re.match 只能从字符的开头进行匹配。当成功匹配后，可以使用.span() 方法获取其成功匹配的位置。

```
'''
re.match 同时匹配多个内容
'''
import re

pattern = '(.*) is (.*?) .*'
string = 'The book is written by Queensbarry.'

result = re.match(pattern, string)

#调用 re.match 后，需要先判定结果是否为空
# 以防止调用错误发生
if result is not None:
    print(result.group())
    print(result.group(1))
    print(result.group(2))
else:
    print('No found!')
```

以下是样例输出：

```
The book is written by Queensbarry.
The book
written
```

在上述程序的正则表达式中，出现了两个 ()，表示这两个值都需要捕获，那么在程序中，就可以使用.group() 方式进行获取。第一个括号参数对应 1，以此类推。

12.3.2　re.search

```
import re

#re.search 返回匹配成功的第一个对象；
#若匹配失败，则将会返回 None

#re.search 函数语法
re.search(pattern, string, flags=0)
```

参数说明：

参数名称	参数含义
pattern	用以匹配的正则表达式
string	用正则表达式测试的文本
flags	标志符号

以下是 re.search 的使用样例:

```
import re

pattern = 'Queensbarry'

string_1 = 'Queensbarry is author.'
string_2 = 'The book is written by Queensbarry.'

result_1 = re.search(pattern, string_1)
result_2 = re.search(pattern, string_2)

print(result_1)
print(result_2)

print('--------')

for result in [result_1, result_2]:
    if result is not None:
        print(result.span())
    else:
        print('Not found!')
```

以下是样例输出:

```
<re.Match object; span=(0, 11), match='Queensbarry'>
<re.Match object; span=(23, 34), match='Queensbarry'>
--------
(0, 11)
(23, 34)
```

从上述案例可以看到,相对 re.match 来说,re.search 更加灵活,因为它可以匹配代码中的任一第一个位置,无论它是否出现在字符串开头。同样,re.serch 的结果可以调用 .span() 函数来返回匹配位置。

同样地,也可使用 re.search 进行多个内容的匹配。

```
'''
re.search 同时匹配多个内容
'''
import re
```

第 12 章 正则表达式

```
pattern = '(.*) is (.*?) .*'
string = 'The book is written by Queensbarry.'

result = re.search(pattern, string)

#调用 re.search 后，需要先判定结果是否为空
# 以防止调用错误发生
if result is not None:
    print(result.group())
    print(result.group(1))
    print(result.group(2))
else:
    print('No found!')
```

以下是样例输出：

```
The book is written by Queensbarry.
The book
written
```

12.3.3 re.findall

相比之前 re.match 和 re.search 来说，re.findall 不仅能返回一个匹配的内容，也能返回给定字符串中所有匹配的内容，并以列表的形式展现出来。

```
import re

re.findall(pattern, string, flags=0)
```

参数说明：

参数名称	参数含义
pattern	用以匹配的正则表达式
string	用正则表达式测试的文本
flags	标志符号

以下是 re.findall 的使用样例：

```
import re


# 正则表达式
# 该正则部分由两个相同部分组成，之前采用 / 分割
# 相同部分的前半部分有可能有字母M 开头，也有可能不存在
# 后半部分由两位数字组成(忽略字母)
pattern = '(M)?(\d{2})/(M)?(\d{2})'
```

```
string = 'M01/M03 MMM/MMM 04/02'

result = re.findall(pattern, string)
print(result)
```

以下是样例输出:

```
[('M', '01', 'M', '03'), ('', '04', '', '02')]
```

由上述案例可以看到，re.findall 方法可以捕获多个符合正则表达式的内容，并且能够将所有结果储存在列表当中。并且在上述案例中，我们还使用了 () 来捕获我们所需的内容，该函数将内容放在了元组内，方便调用。

12.3.4　re.finditer

re.finditer 与 re.findall 类似，只不过返回的是一个可迭代对象。

```
import re
re.finditer(pattern, string, flags = 0)
```

参数说明：

参数名称	参数含义
pattern	用以匹配的正则表达式
string	用正则表达式测试的文本
flags	标志符号

以下是 re.finditer 的使用样例：

```
import re

# 正则表达式
# 该正则部分由两个相同部分组成，之前采用 / 分割
# 相同部分的前半部分有可能有字母M 开头，也有可能不存在
# 后半部分由两位数字组成(忽略字母)
pattern = '(M)?(\d{2})/(M)?(\d{2})'
string = 'M01/M03 MMM/MMM 04/02'

result = re.finditer(pattern, string)
for r in result:
    print(r)
    print(r.group())
```

以下是样例输出:

```
<re.Match object; span=(0, 7), match='M01/M03'>
```

```
M01/M03
<re.Match object; span=(16, 21), match='04/02'>
04/02
```

12.3.5 re.sub

正则表达式还有检索和替换的功能，在 Python 的 re 模块当中，re.sub 就是提供该功能的函数。

```
import re

re.sub(pattern, repl, string, count = 0, flags = 0)
```

参数说明：

参数名称	参数含义
pattern	用以匹配的正则表达式
repl	用于替换的内容，可以是字符串也可以是函数
string	用正则表达式测试的文本
count	最大替换次数，0 为默认替换全部
flags	标志符号

以下是 re.sub 的使用样例：

```
import re

# 去除手机号码中的 - 及说明 ，且只保留数字电话号码
mobile_number = '150-8888-8888 # Author mobile number'
print(mobile_number)

# 步骤一：去除 # 后的解释部分
pattern = '#.*'
result = re.sub(pattern, '', mobile_number)
print(result)

# 步骤二：去除非数字部分
pattern = '\D'
result = re.sub(pattern, '', result)
print(result)
```

以下是样例输出：

```
150-8888-8888 # Author mobile number
150-8888-8888
15088888888
```

对于 re.sub 中的 repl 参数为函数的情况：

```python
import re

# 去除手机号码中的 - 及说明，且只保留数字电话号码
# 当手机号码数字不为 1 或者0 的时候，对该数字减去 2
mobile_number = '150-8888-8888 # Author mobile number'
print(mobile_number)

# 步骤一：去除 # 后的解释部分
pattern = '#.*'
result = re.sub(pattern, '', mobile_number)
print(result)

# 步骤二：去除非数字部分
pattern = '\D'
result = re.sub(pattern, '', result)
print(result)

# 步骤三：数字处理
def number_handler(value):
    number = int(value.group())
    if number not in (0, 1):
        number-=2

    return str(number)


pattern = '\d'
result = re.sub(pattern, number_handler, result)
print(result)
```

以下是样例输出：

```
150-8888-8888 # Author mobile number
150-8888-8888
15088888888
```

12.3.6 可选标志

在上述几个方法中，都提到了一个参数 flags，那么这个 flags 到底是什么呢？实际上，这个 flags 就是正则表达对象的修饰符，用来说明此次的正则表达式的用法是基于什么条件的。每次可选定一个或者多个标志符，多个标志符可使用 | 符号来拼接。

以下是正则表达式的所有标志符：

标志符	含义
re.I	忽略匹配中的大小写内容
re.L	本地化识别 (locale-aware) 匹配
re.M	多行匹配
re.S	所有字符匹配
re.U	Unicode 字符集解析
re.X	给予正则表达式更灵活的格式

但在一般情况下，我们使用默认的 flags 参数即可满足绝大多数情况。

12.4 小　　结

通过本章的学习，读者应当掌握简单的正则表达式的书写，能够经过几次简单的尝试写出正则表达式。并且，读者可以通过 Python 中的 re 模块来验证表达式是否正确，是否能够提取出所需的字符串。

通过本章的学习，读者还应当了解运用 re 模块如何完善程序，并且在本章末尾的练习当中，尝试使用 re 模块进行程序编写。对于本章末尾的练习程序，建议使用 re 模块，但是不限于使用 re 模块。

习　　题

1. 编写一个程序，接受用户的输入，输入内容为一个日期加时间的内容 (yyyy/mm/dd HH:MM)。要求用户按照给定格式输入，但由于某种原因，用户不能正确输入该内容。因此，你需要做输入内容的判断，判断输入是否满足格式要求。若不满足需要提示用户重新输入，若输入正确，需要告知用户当前输入的时刻，是当年的第几分钟。

2. 验证用户输入的密码：该密码是一个 12~20 位的密码，可以是大小写英文字母、数字、下划线。

3. 验证用户的邮箱：该邮箱用户名是一个 8~15 位的数字或者字母，其邮箱地址可选为 gmail.com 或者 foxmail.com。

第 13 章 Python 脚本

本章主要为读者讲解 Python 脚本，是实际应用性较强的一章，同时也是综合性较强的一章。笔者建议读者在阅读本章的同时，辅助以编程实践，以更好地理解本章所讲解的内容。

值得注意的是，笔者在讲述本章的过程中，将会基于 Unix 操作系统进行讲解。

13.1 什么是 Python 脚本

想要了解 Python 脚本，首先需要从批处理文件开始了解。顾名思义，批处理文件就是用来保存批量处理命令的文件，其中包含一条或者多条命令，用以实现某种功能。

而脚本就是批处理文件的一种延伸，与批处理文件一样，都是以文本文件的形式保存的，其中保存了操作计算机的一条或者一系列命令，同时可以根据输入与输出来进行逻辑判断。

那么 Python 脚本的含义也就显而易见了，实质上就是脚本的编写语言为 Python，通过运行 Python 来完成计算机的操作。举个例子，最开始学习 Python 时，我们在一个文件 (test.py) 中写入：

```
print('Hello World!')
```

并且该文件通过以下方式运行，其实我们可以把 test.py 文件看成一个脚本，其中仅有一个控制计算机输出的命令，其作用就是需要输出一个字符串 Hello World。

```
python test.py
```

13.2 编写 Python 脚本

在讲述编写 Python 脚本之前，在 Unix 操作系统中，有一个定义脚本执行器的一个写法，常见执行器是 bash 执行器：

```
#! /bin/bash
...
```

`#!` 这个写法是用于定义脚本的执行器，若不添加该语句，也可以用以下方式运行。

```
/bin/bash test.sh
```

第 13 章 Python 脚本

若增加 #! 表示该文件已经指定了执行器，且用户对该文件有执行权限，运行时使用以下方式即可。

```
./test.sh
```

那么如何为 Python 脚本指定执行器呢？首先我们来看一下传统的运行 Python 的方式：

```
python test.py
```

据此，我们只需要找到 Python 这个命令的位置并添加到 #! 即可。因此，我们使用以下命令：

```
which python
```

以下是样例输出：

```
/opt/anaconda3/bin/python
```

以上是笔者当前使用环境的 Python 执行器的路径。我们先将其记录下来，新建一个 Python 脚本文件：

```
touch script.py
chmod +x script.py
```

```
#! /opt/anaconda3/bin/python

print('Hello World!')
```

此时，我们可以通过 ./ 的方式来运行 Python。当然我们也可以用原来传统的方式运行。

在 Unix 操作系统中，经常会存在一个自带的 Python 执行器，一般位于 /usr/bin/python 当中，该解释器是系统自带。从上述例子可以看出，笔者使用 Anaconda 进行的 Python 环境管理。因此路径和 Python 版本可能与读者实际操作中不一致，此项差异也请读者关注。

那么，如果使用 Anaconda 进行 Python 环境管理时，有多个环境；如果使用 Anaconda 进行 Python 环境管理时，在多个环境存在的情况下，如何辨别不同的解释器呢？最简单的方案是先通过 conda 命令激活指定环境后，再使用 which python 命令即可获取该环境下 Python 解释器的路径。

接下来，我们将通过实例来讲解 Python 脚本的编写与使用。现在有一个需求，在每日 0:00，需要对指定的程序文件夹进行备份，备份路径为指定路径。针对这个需求，我们决定使用 Python 脚本来完成备份。

1) 创建脚本文件：

```
# 创建备份脚本
touch ~/bin/backup.py
```

```
# 对备份脚本增加执行权限
chmod +x ~/bin/backup.py
```

2) 寻找 Python 执行器：

```
which python
```

以下是样例输出：

```
/opt/anaconda3/bin/python
```

我们分析需求后，该程序为系统基本操作，使用 Python 标准库即可完成该需求，因此不需要对环境有特定要求，只需要使用上述环境即可。完成分析后，在脚本内增加执行器。

```
vim script
```

```
#! /opt/anaconda3/bin/python
```

3) 分析项目需求，确定代码：需求要求每日指定时间备份代码，指定时间可以交由 Unix 操作系统的定时运行任务 crontab 模块完成，那么在代码中需要完成对文件夹的备份操作。

通过查阅相关资料后发现，Python 中 shutil 模块可以实现对整个文件夹的递归复制操作，也就是备份操作。由此，可以开始代码的书写：

```
#! /opt/anaconda3/bin/python
import shutil
import sys
from pathlib import Path

# 建议关于路径的内容还是由 Path 类完成
ORIGIN_PATH = Path('/home/queensbarry/programs')
BACKUP_PATH = Path('/home/queensbarry/backup/programs')

# 检查源路径是否存在
if not ORIGIN_PATH.exists():
    sys.stderr('Orgin path does not exists, please check it.')
    sys.exit(1)

# 检查备份路径，不存在则需创建
if not BACKUP_PATH.exists():
    BACKUP_PATH.mkdir(parents=True, exist_ok=True)

print('Start to backup programs.')
# 复制(备份)
```

```
shutil.copytree(ORIGIN_PATH.absolute(), BACKUP_PATH.absolute())
print('Backup end.')
```

通过以上简单的代码我们就可以实现单次备份。

4) 试运行脚本:

```
./backup.py
```

以下是样例输出:

```
Start to backup programs.
Backup end.
```

单次运行无错误以后,到备份文件夹查看后,发现所有文件均已经备份完成,说明单次运行成功。

5) 将脚本写入 crontab: 打开 crontab 模块定义面板,该面板与 vi/vim 操作一致。

```
crontab -e
0 0 * * * /home/queensbarry/bin/backup.py > /home/queensbarry/
    log/backup.log 2>&1
```

上述代码表示,每日的 0:00 将执行 backup.py 这个脚本,并且将输出重定向到 backup.log。crontab 中,笔者均采用了绝对路径以防使用相对路径后程序报告路径不存在的错误。

可以看到,通过上述简单的五步,我们就完成了每日 0:00 备份的任务,并且代码量较小,同时有友好的用户输出,而且代码语义性强,方便阅读。

13.3 处理脚本参数及选项

我们之前一起编写了一个自动备份的程序,功能上比较完整,并且代码也比较简单。但是现在又有了一个新的需求,在保证自动备份的前提下,有的用户需要通过使用该脚本手动指定源文件夹与目标文件夹进行备份。如果我们仅使用上面给出的脚本,这就使得用户每次在备份前都将进入程序修改两个参数,一个是源文件夹,另一个是目标文件夹。

如果用户经常进入源程序修改变量,那么这个脚本是不完善的,并且用户的体验性较差。因此,我们需要通过程序的方法来自动获取用户的输入。

13.3.1 使用 argparse

针对上述情况,有的读者一定想到了可以使用 input 函数,让用户手动备份的时候自行输入源文件夹与目标文件夹。

这样一来,手动备份的问题就可以解决了,但是需求是要求在保留自动备份的情况下,增加手动备份。使用 input 函数在自动备份的时候是没有用户输入的,因此只能寻找另一个解决方案了。

之前的脚本,我们采用如下方式运行:

```
./backup.py
```

如果我们考虑像使用 pip 命令或者 conda 命令一样可以添加参数,那么这样是不是就可以很方便地使用脚本了呢?那么我们的目标现在就变成了在运行时给脚本赋予参数:

```
./backup.py <源文件夹> <目标文件夹>
```

那么,在 Python 中,如何获取运行时的命令行参数呢?

在 Python 中,我们可以使用 sys 模块获取命令行参数。之前提及,sys 模块用来处理系统的一些操作或者获取系统的一些信息,在此我们使用 sys.argv 来获取命令行参数。我们首先来看 sys.argv 的返回内容是什么,再进行下一步操作。

```python
import sys
print(sys.argv)
```

使用如下方式运行程序:

```
./backup.py /home/queensbarry/programs /home/queensbarry/backup/programs
```

以下是样例输出:

```
['./backup.py', '/home/queensbarry/programs', '/home/queensbarry/backup/programs']
```

很明显,sys.argv 将我们之前输入在命令行运行脚本时的内容全部输出,并且将其放置在了一个列表当中。第一个参数是脚本运行的路径,后面都是我们跟随在脚本后输入的内容。

根据这个特性,我们就可以完善我们的第一版程序了:

```python
#! /opt/anaconda3/bin/python
import shutil
import sys
from pathlib import Path

# 检查参数长度
if len(sys.argv)!=3:
    sys.stderr('Param error. Please check params.')
    sys.exit(1)

# 建议关于路径的内容还是由 Path 类完成
ORIGIN_PATH = Path(sys.argv[1])
BACKUP_PATH = Path(sys.argv[2])

# 检查源路径是否存在
```

```
if not ORIGIN_PATH.exists():
    sys.stderr('Orgin path does not exists, please check it.')
    sys.exit(1)

# 检查备份路径，不存在则需创建
if not BACKUP_PATH.exists():
    BACKUP_PATH.mkdir(parents = True, exist_ok = True)

print('Start to backup programs.')
# 复制(备份)
shutil.copytree(ORIGIN_PATH.absolute(), BACKUP_PATH.absolute())
print('Backup end.')
```

以下是样例输出：

```
./backup.py /home/queensbarry/programs /home/queensbarry/backup/programs
```

这样，我们通过运行上述命令就可以进行手动备份了。那么此时对于自动备份，仅需要将自动备份中 crontab 模块的命令参数给增加上去即可。

但是，由此又发现一个问题，这种情况下，在 crontab 中的自动备份命令书写过于长，并且用户在输入时，难免会将源文件夹和目标备份文件夹的路径输入弄反。接下来我们一起来分析这个问题，并且解决它。

1) 分析自动备份与手动备份。自动备份时源文件夹与目标文件夹的路径都是固定的，而手动备份时才需要用户指定源文件夹与目标文件夹。如果在自动备份时，添加一个命令行选项，让程序了解当前运行属于自动运行，那么这样就可以直接在脚本中将自动备份路径写入，并且不影响手动备份的实现。

关于有可能将源文件夹路径与目标文件夹路径弄反的问题。如果有参数标识，标识当前是源文件夹还是目标文件夹，那么这个问题就可以解决了。

2) 通过查阅资料发现，在 Python 中有一个自带的命令行参数与选项的解析工具 argparse，这个模块能够满足我们上一步骤所说的内容，包括命令行的选项以及命令行的参数解析。

3) 查阅 argparse 文档，在解析参数与选项之前，需要初始化一个参数解析器：

```
import argparse

parser = argparse.ArgumentParser(description = 'Backup Script.')
```

之后，就可以使用 parser 进行参数的解析了。至此，就需要对 parser 说明需要解析的参数：

```
# 命令行选项写法，可使用短选项(-)，也可使用长选项(--)，也可同时使用
# action 代表若出现该选项的行为，在此若出现 --auto 选项，将把该值设置为真，
```

则表示为自动备份
```
parser.add_argument(
    '--auto', action='store_true', default=False, dest='auto',
    help='Flag of auto backup.'
)
# 命令行参数写法，此处包含长短选项
# dest 表示将命令行获取的值放入 origin 这个变量当中，方便获取
# help 表示命令行的提示
parser.add_argument(
    '-o', '--origin', dest='origin', required=False,
    help='Origin directory which you want to backup.'
)
parser.add_argument(
    '-t', '--target', dest='target', required=False,
    help='Target directory.'
)
```

完成解析声明后，需要进行解析器的调用，并且获取解析结果：

```
# 调用解析器
args = parser.parse_args()

# 获取结果
# . 后面的参数得益于 dest 的定义
is_auto = args.auto
origin = args.origin
target = args.target
```

4) 完善程序得益于之前的分析，我们可以写出如下的程序：

```
#! /opt/anaconda3/bin/python
import argparse
import shutil
import sys
from pathlib import Path


# 初始化参数解析器
parser = argparse.ArgumentParser(description='Backup Script.')
# 声明被解析参数
parser.add_argument(
    '--auto', action='store_true', default=False, dest='auto',
    help='Flag of auto backup.'
)
parser.add_argument(
```

```python
        '-o', '--origin', dest='origin', required=False,
        help='Origin directory which you want to backup.'
)
parser.add_argument(
        '-t', '--target', dest='target', required=False,
        help='Target directory.'
)
# 调用解析器
args = parser.parse_args()

# 获取结果
is_auto = args.auto

# 自动备份路径
ORIGIN_PATH_AUTO = '/home/queensbarry/programs'
BACKUP_PATH_AUTO = '/home/queensbarry/backup/programs'

# 检查是否为自动备份
if is_auto:
    origin = ORIGIN_PATH_AUTO
    target = BACKUP_PATH_AUTO
else:
    # 非自动备份情况下获取命令行参数
    origin = args.origin
    target = args.target
# 检查是否为空
if (origin is None) or (origin is None):
    sys.stderr('Param error. Please check params.')
    sys.exit(1)

#字符串路径转换为 Path 类
origin = Path(origin)
target = Path(target)

# 检查源路径是否存在
if not origin.exists():
    sys.stderr('Orgin path does not exists, please check it.')
    sys.exit(1)

# 检查备份路径，不存在则需创建
if not target.exists():
    target.mkdir(parents=True, exist_ok=True)

print('Start to backup programs.')
# 复制(备份)
```

```
shutil.copytree(origin.absolute(), target.absolute())
print('Backup end.')
```

5) 自动备份与手动备份用法。

自动备份需要在 crontab 中更改命令，在原先写的脚本后增加 –auto 参数，表明为自动备份，crontab 写法变为

```
0 0 * * * /home/queensbarry/bin/backup.py --auto > /home/queensbarry/log/backup.log 2>&1
```

手动备份命令为

```
./backup.py --origin /home/queensbarry/programs --target /home/queensbarry/backup/programs
```

至此，我们就完成了需求代码的书写。笔者特别提醒读者在书写代码时，考虑的方面要比较全面，因为用户完全不清楚代码中是如何实现的。所以，在书写代码时，一定要考虑用户友好性的问题，站在用户的角度来看待代码所实现的功能。

13.3.2 使用 click

click 是一个第三方模块，也是用来处理命令行参数的工具。该工具可以看成 argparse 的升级版，它是基于装饰器的形式来完成命令行参数的配置的，显得组织更加清晰，同时代码量也显著减少。

首先，使用之前需要安装该工具，该工具无论是 pip 安装工具还是 conda 安装工具，均可进行安装：

```
# 提示：安装时请注意所选环境
# pip 安装
pip install click
# conda 安装
conda install click
```

click 主要是使用如下的两个注解：① 利用 @click.command() 装饰一个函数，将该函数视为命令行接口；② 利用 @click.option() 等装饰函数，为命令行添加参数或者选项。

以下是官方文档中，对该模块的入门讲解实例：

```
#hello.py
import click

@click.command()
@click.option('--count', default=1, help='Number of greetings.')
@click.option('--name', prompt='Your name', help='The person to greet.')
def hello(count, name):
```

```
    """Simple program that greets NAME for a total of COUNT times."""
    for x in range(count):
        click.echo('Hello %s!' % name)

if __name__ == '__main__':
    hello()
```

我们一起来分析一下上述代码。首先通过 click.command() 函数装饰 hello 这个普通函数，使得现在运行 hello() 函数后可以接收命令行的选项与参数。其后通过 click.option() 函数装饰，向命令行添加两个参数 count 与 name，并且 count 参数的默认值为 1。紧接着参数 name 还可以接收用户输入，当使用用户输入时，会提示 Your name。若不使用用户输入的方式，执行程序的时候在命令行中添加 –name 选项的方式同样可行。使用 click 模块可以让程序变得更加灵活。

接下来，我们一起看一下几种执行情况的结果：

1) 帮助文档：

```
python hello.py --help
```

以下是样例输出：

```
Usage: hello.py [OPTIONS]

Simple program that greets NAME for a total of COUNT times.

Options:
--count INTEGER  Number of greetings.
--name TEXT      The person to greet.
--help           Show this message and exit.
```

2) count 使用默认值，name 接受用户输入：

```
python hello.py
```

以下是样例输出：

```
Your name: Queensbarry
Hello Queensbarry!
```

3) 指定 count 与 name：

```
python hello.py --count 6 --name Queensbarrypython hello.py --count 6
    --name Queensbarry
```

以下是样例输出：

```
Hello Queensbarry!
Hello Queensbarry!
Hello Queensbarry!
Hello Queensbarry!
Hello Queensbarry!
Hello Queensbarry!
```

4) 使用 = 指定参数：

```
python hello.py --count=6 --name=Queensbarry
```

以下是样例输出：

```
Hello Queensbarry!
Hello Queensbarry!
Hello Queensbarry!
Hello Queensbarry!
Hello Queensbarry!
Hello Queensbarry!
```

5) 使用默认值：

```
python hello.py --name=Queensbarry
```

以下是样例输出：

```
Hello Queensbarry!
```

对于 click 来说，还可以添加参数 argument，以下是参数使用例子：

```
#test.py
import click

@click.command()
@click.argument('number')
def show(number):
    click.echo(f'The number is: {number}.')


if __name__=='__main__':
    show()
```

通过如下方式调用：

```
./test.py 10
```

以下是样例输出：

```
The number is: 10.
```

第 13 章 Python 脚本

通过上述简单的入门,我们简单地掌握了 click 模块的使用方法。接下来,我们尝试深入地使用 click 模块来改造我们之前使用 argparse 所写的程序:

```python
#! /opt/anaconda3/bin/python
import argparse
import click
import shutil
import sys
from pathlib import Path


# 自动备份路径
ORIGIN_PATH_AUTO = '/home/queensbarry/programs'
BACKUP_PATH_AUTO = '/home/queensbarry/backup/programs'


@click.command()
@click.argument('command', type = click.STRING, required = False, default =
                                    None)
@click.option('--origin', type = click.Path(exists = True), required = False,
                                    default = None)
@click.option('--target', type = click.Path(), required = False, default =
                                    None)
def exec(command, origin, target):
    # 解析是否为自动备份
    if (command is not None) and (command = = 'auto'):
        origin = ORIGIN_PATH_AUTO
        target = BACKUP_PATH_AUTO
    else:
        # 若非自动备份,需要检查是否存在源路径和目标路径
        if (origin is None) or (target is None):
            click.echo('Param error. Please check params.')
            sys.exit(1)

    # 字符串路径转换为 Path 类
    origin = Path(origin)
    target = Path(target)
    # 检查备份路径,不存在则需创建
    if not target.exists():
        target.mkdir(parents = True, exist_ok = True)

    click.echo('Start to backup programs.')
    # 复制(备份)
    shutil.copytree(origin.absolute(), target.absolute())
```

```
    click.echo('Backup end.')


if __name__ = = '__main__':
    exec()
```

当为自动备份时，使用：

```
./backup.py auto
```

当为手动备份时，使用：

```
./backup.py --origin /home/queensbarry/programs --target /home/queensbarry
    /backup/programs
```

通过 click 模块改写的程序，在代码上更加简洁高效。

13.4　安装自定义脚本

13.2 节为读者讲解了如何编写 Python 脚本，并且成功运行了一些 Python 脚本。但是在之前运行的方法中，不是使用脚本相对路径运行的方法，就是使用脚本绝对路径运行的方法。读者可以试想一下，如果我们想在任意目录运行之前的 backup.py，那么岂不是要使用特别长串的绝对路径的方法：

```
/home/queensbarry/bin/backup.py --origin /home/queensbarry/programs
    --target /home/queensbarry/backup/programs
```

类似上面提及的 backup.py 的运行方式一般是不推荐的，其原因是命令过长。那么怎么解决这样的问题，使得用户能在命令行输入 backup 或者 backup.py 就可以运行我们之前备份的程序呢？

相信有的读者已经想到，可以将我们脚本所在的 bin 目录加入到环境变量当中。不错，这是一个较好的解决方案。具体步骤如下：

1) 将脚本复制到一个公共目录 (原因是使得所有用户都能够执行该脚本)；

2) 将脚本所在的目录加入到用户夹目录下的 .bashrc 文件当中。

经过上面的操作，我们就可以在任意位置执行 backup.py 而不必输入过长的命令。可是，有的读者会觉得，在执行的命令后增加 .py 的后缀，使得在执行命令的时候不够干脆利落。为了解决这个问题，第一个方案就是将 .py 的后缀直接去掉。第二个方案就是使用 setup 操作，将我们的 backup.py 直接安装到 Python 环境当中去，让 Python 环境识别 backup.py 是一个脚本，使得我们执行时只需要键入 backup 即可。

在 Python 中，可以使用 setuptools 来支持安装自定义脚本到当前的 Python 环境，并且支持指定命令来运行特定的脚本。

首先，我们建立如下的目录结构：

第 13 章 Python 脚本

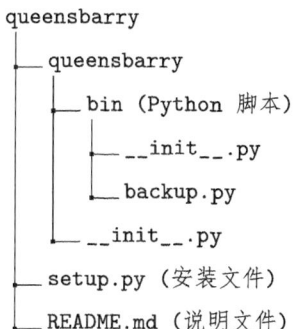

文件树中 backup.py 就是我们之前编写的 Python 脚本。接下来我们先为读者展现完整的 setup.py 文件，然后为读者细讲其中的内容。

```
# setup.py
from setuptoolsimport find_packages, setup


setup(
    name = 'queensbarry',
    version = '0.0.1',
    author = 'Queensbarry',
    author_email = 'queensbarry@foxmail.com',
    packages = find_packages(),
    package_dir = {'queensbarry': 'queensbarry'},
    entry_points = {
        'console_scripts': [
            'backup=queensbarry.bin:exec'
        ]
    },
    install_requires = ['click']
)
```

需要提醒读者的是，在建立的文件夹当中，需要建立 `__init__.py` 文件，原因是让 setup 函数识别这个文件夹是 Python 的一个包，这样才能让 `find_packages` 函数正确地识别我们脚本所在的位置。

setup 函数部分参数说明：

参数	含义	备注
name	包名称	
version	版本号设置	
author	作者名称	
author_email	作者邮箱	用以联系作者以报告信息
package_dir	包名称	需要对应名称且与真实文件夹名称对应
entry_points.console_scripts	命令行脚本入口	< 命令 > = < 包路径 >:< 执行函数 >

在命令行中进入 setup.py 所在的文件夹，执行：

```
python setup.pt install
```

通过上述的命令，即可将我们之前编写的脚本安装到当前的 Python 环境中，并且可以直接通过 backup 这个自定义命令来完成我们的备份操作。

```
backup --origin /home/queensbarry/programs --target /home/queensbarry
    /backup/programs
```

至此，我们完成了自定义 Python 脚本的目标。

13.5 小　　结

通过本章的学习，读者应该掌握简单的需求分析以及查阅资料的技能，更重要的是基于需求的分析和查阅资料获取的信息来完成我们所需要的程序。并且在此过程中，能够利用之前所掌握的知识与技能，考虑到用户的友好性与不确定性，从而把握程序的基本写法。

通过本章的学习，读者还应该掌握如何使用命令行输入参数到程序当中进行解析，从而对程序与脚本有一个更全面的认知和把握。同时，读者还应该掌握在完成 Python 脚本编写之后，编写 setup.py 程序对自定义脚本进行安装与使用。

习　　题

1. 在每日的 2:00，自动删除指定的文件中转站的内容 (指定文件夹)，并且要求该脚本提供人工输入删除文件夹的功能。当使用人工输入功能时，删除之前提示"是否确认删除该文件夹，删除后无法恢复"的字样。

2. 编写一个脚本，获取指定路径下文件或者文件夹的大小，默认显示 M 为单位，大小单位可以通过命令行参数指定。

第 14 章 日　　志

这里所说的"日志"并不是我们以前经常书写的日记，这里指的是程序日志，是用于记录程序运行状况的一个方式。日志是在项目自动运行时，记录项目运行健康性以及需要人为干预记录的最佳实践。

很多读者在刚接触日志的时候会有一定的抵触情绪，其实有一部分程序员在刚接触日志的时候也使用不顺手。明明可以直接输出的内容，为什么我们要花如此多的经历来完善日志呢？这是很多刚接触日志的读者的一个误区，日志是为了更好地管理输出内容，从而达到输出分类并且高效阅读和掌握项目情况的目的。

14.1　为什么使用日志

当在项目运行的过程中使用日志系统时，可以追踪某些模块或者某些部分运行时发生的事件。这样就使得开发人员可以通过在代码中嵌入部分调用日志文件的语句来清楚地记录程序中发生的时间。并且这些事件都有重要性之分，在日志中被称为"严重级别"（level）。

当部署一些中大型项目时，不可能面面俱到地将所有信息都输出到控制台当中用以检查程序运行状况，因为那样做会使得控制台内容极其多，并且信息过于集中不方便筛选。如果使用日志系统，我们可以将这些输出分门别类，输出到控制台，同时也可以输出到文件。这样不仅仅方便我们查看这些输出内容，掌握运行态势，同时可以在项目出现某种故障时根据日志快速定位错误地方，从而迅速更正错误。

对好的输出日志进行分析，不仅仅可以方便用户去了解系统以及软件，还可以分析用户的操作习惯、喜好、地域分布、年龄阶层等丰富的信息。同时，可以迅速了解不同的输出等级分类，快速定位重要信息，从而解决问题，挽救经济损失。

总的来说，日志系统有三大功能：① 用以开发程序时的调试；② 了解软件运行态势；③ 方便程序故障分析与快速定位。

在项目运行的过程中，当项目设置报警时，运维人员首先会查看项目日志，对报警问题进行排查，从而定位问题所在，进而通知相关人员进行修补。可见，日志系统的重要性以及必要性不可小觑。

14.2　日志相关概念

14.2.1　日志等级

日志输出的信息种类繁多，有的仅仅是为了调试时观察变量或者一些状况进行尝试性的输出，有的是因为程序执行时语句执行错误而记录的内容。可想而知，这些内容对应的紧急程度与重要程度不同，因此在记录日志时，需要记录日志的相关等级，在排查时也可以根据这些等级进行筛选。

当你作为开发人员，在调试一个程序的时候，你需要什么样的日志信息，而你的项目正式上线以后又需要什么样的日志信息呢？当你作为运维人员，在部署项目测试的时候，你需要什么日志信息，而你在正式部署项目到生产环境时又需要怎么样的日志信息呢？

显而易见，在项目没正式上线时，我们需要较为详细地记录程序运行过程中的细节，以完善程序、修补缺漏。但是记录如此大量的日志及大量的 I/O 操作是非常消耗计算机资源的。如果我们就这样将项目部署到生产环境，会造成计算机资源的大量浪费。将项目部署到生产环境后，我们需要记录的仅仅是异常，而不需要一些可有可无的信息。那么我们怎么区分呢？所以在日志系统中就有了"日志等级"的概念，用以区分输出等级。

一般，我们在使用日志系统时可能会设置如下等级。

等级	说明
DEBUG	记录信息最为详细，记录内容最为自由，一般在开发时使用
INFO	信息性的输出，表示某些关键事件或者关键节点正常
WARNING	用以标识意外，但是程序仍可正常运行
NOTICE	需要引起注意的内容，可能会造成程序无法运行
ERROR	用以标识错误，已有的错误使得某些功能已经无法使用
CRITICAL	用以标识严重错误，已有的严重错误使得程序无法运行
ALERT	用以标识特别严重错误
EMEGRENCY	用以标识紧急情况 (系统全线崩溃)

在 Python 的标准库 logging 中，为我们内置了几个等级以及等级的标识值。

等级	等级标识值
DEBUG	10
INFO	20
WARNING	30
ERROR	40
CRITICAL	50

但是上述的这些值仅仅是内置的一些值，如果需要可以进行自定义：

```
import logging

logging.addLevelName(100, 'EMEGRENCY')
```

14.2.2　日志信息与格式

日志的信息与格式内容相对简单，每位开发者的习惯也不尽相同。但是一个好的日志格式可以锦上添花。在日志系统中，一条日志信息对应的是一个事件的发生，那么一个事件的发生对应以下几个信息：发生时间、发生位置、日志级别、具体内容。

以上是一条日志当中应当包含的基本内容，但有时由于程序需要，还可以包含其他内容，如进程的信息、线程的信息等。这些格式都是可以通过自定义完成显示的。

14.3 logging 模块

logging 模块是 Python 内置的一个强大的日志管理库，一般在 Python 日志管理任务中，我们都会接触到 logging 模块。

14.3.1 日志流程

首先，给出 Python 官方对于 logging 模块日志流程的说明：

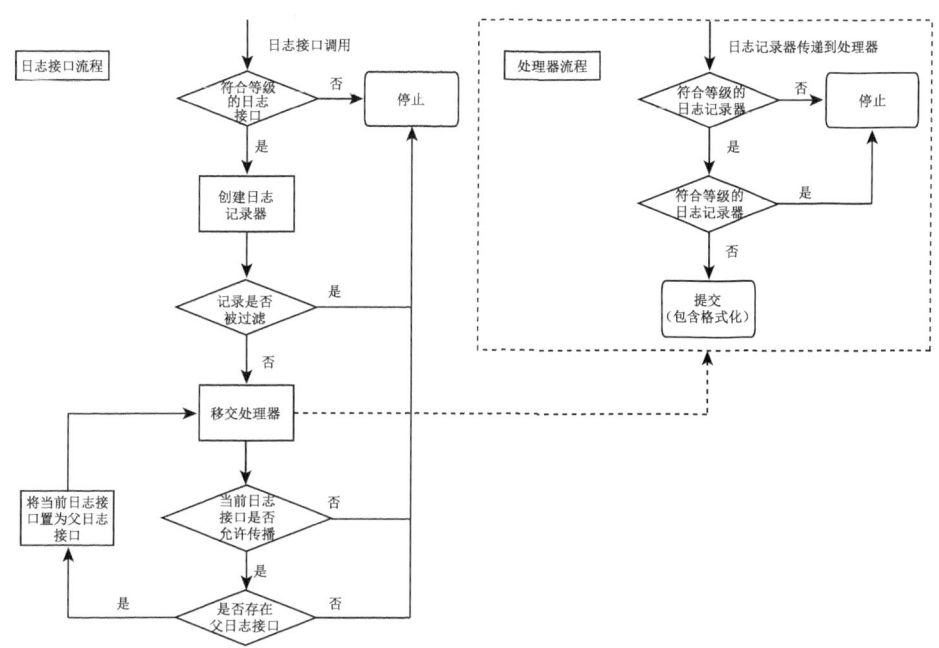

从官方给出的图中，我们可以看到 logging 模块中所提及的几个类：

类名	说明
Logger	日志接口，用以暴露给程序使用，其输出由 LogRecord 和 Filter 共同决定
LogRecord	日志记录器，将对应日志传至处理器
Handler	处理器，将产生日志发送到对应输出
Filter	过滤器，控制粒度，决定输出内容的等级
Formatter	格式化处理器，处理最后输出的格式

以下对 Python 官方给出的日志流程图再次说明：

1) 判断 Logger 对象中设置的等级是否可用。若不可用则流程直接结束；否则，将继续执行。

2) 创建 LogRecord 对象。若注册到 Logger 对象中的 Filter 对于当前注册的反应为 False，则该记录将不会被记录，且直接终止流程；否则，流程继续。

3) LogRecord 对象将会把 Handler 对象传给已经存在的 Logger 对象。若设置的输出级别大于预定的日志级别且注册到 Handler 中的 Filter 过滤返回值为 True，则可以继续下一步；否则，流程结束。

4）若传入的 Handler 大于 Logger 设置的级别，则继续执行下一步；否则，流程结束。

5）判断当前生成的 Logger 对象是否还存在父 Logger 对象。如果没有，则输出日志流程结束。若仍存在父 Logger 对象，则会重复执行步骤 3、步骤 4，直至不存在父 Logger 对象后输出日志，流程结束。

14.3.2　logging 简单使用

想需要在 Python 中使用日志管理，就需要使用 Python 的标准库 logging 模块。以下为 logging 模块的示例：

```
import logging

#调用 basicConfig 对 logging 进行整体设置
logging.basicConfig()
#DEBUG 级别信息
logging.debug('Debug message')
#INFO 级别信息
logging.info('Info message')
#WARNING 级别信息
logging.warning('Warning message')
#ERROR 级别信息
logging.error('Error message')
#CRITICAL 级别信息
logging.critical('Critical message')
```

以下是样例输出：

```
WARNING:root:Warning message
ERROR:root:Error message
CRITICAL:root:Critical message
```

根据上述输出，有的读者可能会存在疑问，为什么设置了五条信息输出，而在控制台中仅输出了三条呢？这就是 logging 控制了输出的等级，默认的输出等级是 WARNING。因此，只能输出 WARNING 级别对应系数以上的信息。

我们在 basicConfig 中变更输出级别即可，我们尝试将输出级别定义为 DEBUG：

```
import logging

#调用 basicConfig 对 logging 进行整体设置
logging.basicConfig()
#DEBUG 级别信息
logging.debug('Debug message')
#INFO 级别信息
logging.info('Info message')
#WARNING 级别信息
```

第 14 章 日　志

```
logging.warning('Warning message')
#ERROR 级别信息
logging.error('Error message')
#CRITICAL 级别信息
logging.critical('Critical message')
```

以下是样例输出：

```
DEBUG:root:Debug message
INFO:root:Info message
WARNING:root:Warning message
ERROR:root:Error message
CRITICAL:root:Critical message
```

明显地，这一次将所有 logging 信息全部打印了出来。这个级别设置是在不同的环境下有不同的设置。例如，在开发环境下，我们会将级别设置为 DEBUG 来查看输出，而在测试环境我们就使用默认的 WARNING，而在生产环境我们就会使用 ERROR 以上的级别来输出日志。

在 logging 的应用中，我们首先会使用 basicConfig 对 logging 模块进行配置，再获取 logger 来使用，但我们实际上应当使用 logger 进行操作。并且，在调用 basicConfig 函数时，还会添加很多参数对 logger 进行基础配置：

```
import logging

#调用 basicConfig 对 logging 进行整体设置
logging.basicConfig(
level=logging.DEBUG,
    format='%(asctime)s - %(name)s - [%(levelname)s]: %(message)s'
)
logger = logging.getLogger(__name__)

logger.debug('DEGUG')
```

以下是样例输出：

```
2020-01-31 16:25:06,063 - __main__ - [DEBUG]: DEGUG
```

可以看到，通过调整 basicConfig 的参数，能够将 logger 的输出进行一个格式的调整。下表说明了 basicConfig 的参数及含义。

参数	含义	备注
filename	指定日志的输出路径及输出文件名	建议采用绝对路径
filemode	指定日志文件打开模式	w 方式为写入，a 方式追加
format	指定打印日志的格式和内容	format 格式化的内容将在下表介绍

续表

参数	含义	备注
datafmt	时间格式	可查阅 time.strftime 函数
level	日志级别	默认为 WARNING 级别
stream	重定向输出流	可将输出流指定到标准错误或者标准输出，默认为 sys.stderr，当该参数与 filename 同时指定，该参数会被忽略

下表说明了 format 函数内格式化字符串的内容。

格式化字符串	含义	备注
%(levelno)s	对应日志级别的数值	
%(levelname)s	日志级别名称	DEBUG/INFO 等
%(pathname)s	当前程序路径	
%(filename)s	当前程序名	
%(funcName)s	显示当前函数	
%(lineno)d	日志语句所在行号	
%(asctime)s	打印日志时间	格式由 datafmt 控制
%(thread)d	当前线程 ID	
%(threadName)s	当前线程名称	
%(process)d	当前进程 ID	
%(message)s	日志具体输出信息	

接下来我们尝试在控制台和文件中都输入日志，顺便了解一下关于 logging 的一些基本操作：

```
import logging


#初始化 logger
logger = logging.getLogger(__name__)
#将 logger 输出级别定义为 INFO
logger.setLevel(level = logging.INFO)
# 定义输出格式
formatter = logging.Formatter('%(asctime)s - %(name)s [%(levelname)s]: %(message)s')

# 定义输出文件的 handler
file_handler = logging.FileHandler("info.log")
#设定 handler 的输出级别
file_handler.setLevel(logging.INFO)
#将格式注入 handler
file_handler.setFormatter(formatter)

#定义控制台的 handler
```

```
stream_handler = logging.StreamHandler()
#设定 handler 的输出级别
stream_handler.setLevel(logging.INFO)
#将格式注入 handler
stream_handler.setFormatter(formatter)

#将 handler 加入到日志模块中
logger.addHandler(file_handler)
logger.addHandler(stream_handler)


logger.info("Program start.")
logger.debug("Do something")
logger.error("Fail.")
logger.info("Finish")
```

运行上述程序，无论在控制台中还是在 info.log 中都能看到如下输出：

```
2020-01-31 18:21:10,420 - __main__ [INFO]: Program start.
2020-01-31 18:21:10,421 - __main__ [ERROR]: Fail.
2020-01-31 18:21:10,421 - __main__ [INFO]: Finish
```

14.3.3 自定义 logger

使用上面的方式在 Python 文件中配置 logging，使得程序看起来很丰满，但是这样却使得程序并不够灵活，如果我们更改配置不需要到 Python 文件当中，我们能够直接修改某个文件来控制 logging 的输出，那么这样就很灵活。在 Python 的 logging 中，就为我们提供了这样的选项。

(1) 方案一

使用 json 文件配置 logging。

```
{
  "version": 1,
  "formatters": {
    "normal": {
      "format": "%(asctime)s - %(name)s [%(levelname)s]: %(message)s"
    }
  },
  "handlers": {
    "console":{
      "class":"logging.StreamHandler",
      "level": "DEBUG",
      "formatter": "normal"
    },
```

```
    "document":{
      "class":"logging.FileHandler",
      "level": "ERROR",
      "formatter": "simple",
      "filename": "info.log"
      }
  },
  "loggers":{
    "runtime": {
    "level": "ERROR",
    "handlers": ["document"]
   }
  },
  "root": {
    "level": "INFO",
    "handlers": ["console","ducument"]
   }
}
```

可以通过以下 Python 语句对上述 logging 配置文件进行加载：

```
import logging.config
import json
from pathlib import Path

LOGGING_CONFIG_PATH = Path('config.json')

with LOGGING_CONFIG_PATH.open() as f:
    config = json.load(f)

logging.config.dictConfig(config)
```

配合上述语句加载完成 logging 配置后，按照之前获取 logger 的一系列方法或者步骤即可进行接下来的 logger 使用。

(2) 方案二

使用 yaml 文件配置 logging，使用 yaml 文件进行配置天生就有一个优势，就是 yaml 文件的缩进整齐，没有多余的双引号与大括号，使得篇幅简短，利于阅读。

```
version: 1
formatters:
  normal:
    format: '%(asctime)s - %(name)s [%(levelname)s]: %(message)s'
handlers:
  console:
    class: logging.StreamHandler
```

```
      level: DEBUG
      formatter: normal
  document:
      class: logging.FileHandler
      level: ERROR
      formatter: normal
      filename: info.log
loggers:
  runtime:
      level: ERROR
      handlers:
        - document
  root:
      level: INFO
      handlers:
        - console
        - document
```

但是在加载 yaml 文件时，需要先安装第三方包 pyyaml，具体安装方法不在此赘述。以下将展示如何使用 yaml 文件配置 logging：

```
import logging.config
import yaml
from pathlib import Path

LOGGING_CONFIG_PATH = Path('config.yaml')

with LOGGING_CONFIG_PATH.open() as f:
    config = yaml.load(f, Loader=yaml.SafeLoader)

logging.config.dictConfig(config)
```

14.4 项目中 logging 的使用

14.3 节讲述的都是如何在文件中使用 logging 模块，若是在中大型项目当中，又需要如何使用 logging 模块呢？

首先，读者要知道的内容是，在进行项目开发时，需要有"模块化开发"的思想，要把一个功能的提供看成项目当中的一个模块在提供该功能。基于此，在项目开发时，我们通常会在源码中建立 logger 目录，统一管理 logging 模块，并且向项目提供日志服务。

为了向项目中提供日志服务，我们建立如下目录结构。

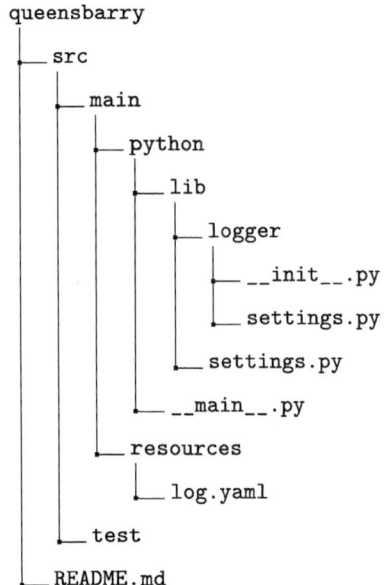

根据笔者的习惯，首先会在 Python 目录下的 setings.py 中写入一些全局变量：

```
#setings.py
from pathlib import Path

#python 文件夹所在路径
BASE_DIR = Path(__file__).parent.parent
#resources 文件夹所在路径
RESOURCES_DIR = BASE_DIR.joinpath('..', 'resources')
```

接下来完成 resources 文件夹中的 log.yaml 文件：

```
version: 1
formatters:
  normal:
    format: '%(asctime)s - %(name)s [%(levelname)s]: %(message)s'
handlers:
  console:
    class: logging.StreamHandler
    level: DEBUG
    formatter: normal
  document:
    class: logging.FileHandler
    level: ERROR
    formatter: normal
    filename: info.log
loggers:
  runtime:
    level: DEBUG
```

```
    handlers:
      - console
      - document
root:
  level: INFO
  handlers:
    - console
    - document
```

回到 Python 代码，接着完成 logger 文件夹中的 settings.py 文件：

```
import logging.config
import yaml
from ..settings import RESOURCES_DIR


LOG_CONFIG = RESOURCES_DIR.joinpath('log.yaml')

with LOG_CONFIG.open() as f:
    config = yaml.load(f, Loader=yaml.SafeLoader)

logging.config.dictConfig(config)
```

紧接着在 logger 文件夹下的__init__.py 文件当中写入：

```
from .settings import logging
```

最后我们就可以在__main__.py 文件当中进行测试：

```
from lib.logger import logging

logger = logging.getLogger('runtime')

logger.info('Test')
```

通过以上讲解，我们就完成了简单的 logger 在项目中的应用。以上是笔者常用的一个 logger 的写法，当读者熟练以后也可以有自己的编码风格及文件组织规则。

14.5 小　　结

通过本章的学习，读者应当了解为什么我们要在项目中使用 logging 模块而非直接使用 print 语句输出内容，并且读者应当掌握如何在 Python 中进行 logger 的自定义配置以及使用。同时，对 logger 的自定义配置也是本章的关键，只要掌握自定义 logger 配置的方法，无论在什么情况下读者都可以进行 logging 模块的配置。

最后笔者向大家介绍了自己在项目当中使用 logger 的方法，供大家参考。

习　题

1. 编写一个 yaml 文件，并对 logger 进行自定义配置。

2. 尝试在自己的一个项目当中使用 logging 模块，并找出适合自己的 logging 模块配置方案。

第 15 章 单 元 测 试

单元测试是每一门语言的必修课，Python 语言也不例外。单元测试是保护开发者的强力护盾，其要求就是对应的函数或者功能需要有对应的单元测试代码。

在开发模式中，有一种方式被称为"测试驱动开发"(test-driven development, TDD)。其要求就是先行编写测试用例，再完成代码的开发工作。在此过程当中只编写能够通过测试用例的代码，从而推动开发进程的发展。测试驱动开发有利于编写高质量的代码，并且加速开发过程。

从上面可以看出，进行单元测试的编写是较为重要的步骤。同样，这也是笔者的项目结构当中有 test 文件夹的原因之一。

那么，在本章的讲解当中，笔者将为大家介绍如何在 Python 语言当中进行单元测试用例的编写以及进行单元测试。

15.1 为什么要进行单元测试

在本章的开头，就讲述了单元测试的优点，那么单元测试究竟有什么作用呢？

1) 进行单元测试可以显著地减少代码的 BUG。无论是多大型的机器或者软件，都是由一个一个小的零件或者模块构成的。如果机器或者软件存在某个问题，我们只需要更换零件或者重写模块即可。在软件开发的过程当中也一样，需要保证每个函数、每个类、每个模块都能如期地运行，这样才能使得整个软件健康运行。那么保证健康运行就需要在部署代码之前进行代码测试。一个可以进行单元测试的工程，会把业务逻辑分割得足够细致，在此过程当中，还会保证每个模块都有独立的逻辑，这个模块被称为"单元"。

2) 进行单元测试能够显著地提高编码质量。由于进行单元测试时，需要将一整块的内容分割成足够细致的单元，并且这些单元的独立性比较强，使得单元测试时做到"隔离"，以确保功能间不受影响。正是因为这样的特性，才使得写出来的代码逻辑性强，可插拔性好。因此进行单元测试能够显著地提高编码的质量。

3) 进行单元测试有利于重构。业务逻辑或者需求发生变化时，我们需要对代码进行重构。那么如果进行过单元测试项目，可以根据测试进行的粒度，逐个单元进行替换且进行重新测试。这不会造成"牵一发而动全身"的悲剧发生。

4) 使用单元测试时测试成本低。相比于其他类型的测试，单元测试所需依赖较少，自动化程度很高。并且单元测试由于粒度小，进行的时间较短，能够节约一定的测试成本。

5) 使用单元测试时反馈速度快。单元测试是在开发阶段就进行的一个测试工作，在开发时就能够有效地将 BUG 抑制，减少问题发生的概率。

15.2 在 Python 中进行单元测试

15.2.1 首次使用单元测试

之前介绍了许多进行单元测试的好处，接下来将为读者展现如何在 Python 中进行单元测试。

想要在 Python 中进行单元测试，我们还得依赖现成的模块进行，在 Python 中有一个内置模块 unittest，其直译过来就是"单元测试"的含义。但是这个包的使用并不像想象中的那么方便，并且其拓展功能不是很完善。因此，今天笔者将向大家推荐一个第三方测试框架 pytest，虽然该模块是第三方模块，但是现在大多数的测试都是基于该框架进行的，并且其可扩展性也较好。接下来的单元测试都将基于 pytest 进行讲解。

需要使用第三方的 pytest 模块，首先需要进行模块的安装。安装完成以后，我们一起来看一个简单示例：

```python
# test_func.py

def add(x, y):
    return x+y


def test_answer():
    assert add(1, 1)==2
```

通过上述简单的代码，我们就能够完成测试用例的编写。对于上述代码，有几点需要提醒读者的地方：① 被测文件以 test_ 开头，利于 pytest 模块识别；② add 函数为开发时编写的代码，即该函数为被测函数；③ 单元测试函数以 test_ 开头，有利于 pytest 模块识别。

对于刚使用单元测试框架 pytest 的读者来说，上述代码乍一看是不会运行的。没错，所有函数都是只定义了一个形式，并没有真正地调用，直接运行该文件是不会有任何结果的。

但是，我们现在进行的是单元测试，使用的方式稍有一些变化。运行方式为：① 进入 test_func.py 所在的文件夹；② 键入 pytest 后回车执行。

以下是样例输出：

```
=================================================== test session starts
    ========================================================
platform win32 -- Python 3.7.6, pytest-5.3.4, py-1.8.1, pluggy-0.13.1
rootdir: F:\test
collected 1 item

test_func.py F

    [100%]
```

```
=========================================== FAILURES
   ===========================================
_____ test_answer
   _____

def test_answer():
>       assert add(1, 1) == 3
E       assert 2 == 3
E        +  where 2 = add(1, 1)

test_func.py:5: AssertionError
====================================================== 1 failed in 0.11
   s ======================================================
```

上述是使用 pytest 运行以后的结果。明显地,测试框为我们报出了错误,在 test_answer 这个测试样例中,有一个单元测试没有通过,原因是出现了 2==3。这就相当于我们代码中的错误没有被发现,而测试用例被发现了。通过这个错误,我们修正代码:

```
# test_func.py

def add(x, y):
    return x+y


def test_answer():
    assert add(1, 1)==2
```

以下是样例输出:

```
=================================================== test session starts
   ===================================================
platform win32 -- Python 3.7.6, pytest-5.3.4, py-1.8.1, pluggy-0.13.1
rootdir: F:\test
collected 1 item

test_func.py .

    [100%]


=================================================================== 1 passed in 0.09s
   ===================================================
```

这回很明显,我们的代码通过了测试。接下来,我们总结一下使用 pytest 模块时测试用例的编写规则:① Python 的单元测试文件使用 test_ 开头;② 若使用单元测试类必须以 Test 开头,并且其中不允许使用 __init__方法来初始化一个测试类;③ 若使用单元测试函数,该函数必须以 test_ 开头;④ 在判断函数输出时,必须使用 **assert** 关键字和预期进行对比。

15.2.2 fixture

fixture 是在指定的函数运行的前后,自动地由 pytest 框架运行的一个函数。fixture 中的代码是可以被开发者自由定制的,用以满足多种测试需求,包括起始设置以及测试结束后的收尾工作。

以下是 fixture 的简单样例:

```
import pytest


@pytest.fixture()
def answer():
    #some operation
    return 100


def test_answer(answer):
    assert answer == 100
```

以下是样例输出:

```
========================================================== test session starts ==========================================================
platform win32 -- Python 3.7.6, pytest-5.3.4, py-1.8.1, pluggy-0.13.1
rootdir: F:\test
collected 1 item

test_func.py .

    [100%]

=========================================================== 1 passed in 0.12s ===========================================================
```

fixture 在 pytest 中是使用装饰器的方式来使用的,使用该装饰器装饰一个函数后,该函数就会被认为是一个 fixture,从而能够被 pytest 发现并且自动执行。该函数可以执行某些操作,也可以返回所需的数据。对于 fixture 函数的命名,笔者建议不要使用 test_ 开头,以区分该函数不是测试用例。在 test_answer 函数中,运行开始前,pytest 模块首先会搜索 fixture,搜索的路径从当前模块开始,接着是同目录下的 conftest.py 文件,搜索完成后开始执行测试用例。在测试用例中我们调用了 answer 这个变量,对于 pytest 来说就是调用 fixture 中对应的函数以获取结果。

第15章 单元测试

上面我们提到了可以将 fixture 单独存放在一个名为 conftest.py 文件中，那么接下来我们就尝试一下在与测试用例所在文件夹下同级建立一个名为 conftest.py 的文件，并且在其中写入：

```python
#conftest.py
import pytest


@pytest.fixture()
def answer():
    #some operation
    return 100
```

运行如下测试用例：

```python
# test_func.py
def test_answer(answer):
    assert answer == 100
```

以下是样例输出：

```
=============================== test session starts ================================
platform win32 -- Python 3.7.6, pytest-5.3.4, py-1.8.1, pluggy-0.13.1
rootdir: F:\test
collected 1 item

test_func.py .

    [100%]


================================ 1 passed in 0.02s =================================
```

同样，我们能够获得相同的情况，在 conftest.py 文件中，我们能够将所有 fixture 进行统一的设置，并且能够使得同级的 test_ 文件都能够访问。

使用 fixture 还有一个好处，就是可以在测试之前以及测试之后自动运行一些代码，如有些测试需要一些数据的预先准备，又或者是有些测试完成后需要释放某些资源。那么在 fixture 中可以使用 yield 来管理。只要在 fixture 中将 yield 当作运行测试用例的代码就可以很好地了解 yield 在 fixture 中的作用了。更改 conftest.py 中的内容为

```python
#conftest.py
import pytest


@pytest.fixture()
```

```
def answer():
    print('Test start.')
    #some operation
    yield 100
    print('Test end.')
```

再执行原先的测试样例：

```
=================================================== test session starts
    ======================================================
platform win32 -- Python 3.7.6, pytest-5.3.4, py-1.8.1, pluggy-0.13.1
rootdir: F:\test
collected 1 item

test_func.py Test start.
.Test end.


=================================================== 1 passed in 0.01s
    ======================================================
```

此时，测试样例能够正常运行，但是并没有我们预期的 print 函数的结果。这是为什么呢？因为在 pytest 模块中，默认禁止了 print 函数的输出，要想看到函数的具体输出，需要使用如下命令运行：

```
pytest -s
```

并且如果我们还想看到 fixture 中装备的过程，还可以增加一个选项 –setup-show，此时命令变为

```
pytest -s --setup-show
```

此时输出变为

```
=================================================== test session starts
    ======================================================
platform win32 -- Python 3.7.6, pytest-5.3.4, py-1.8.1, pluggy-0.13.1
rootdir: F:\test
collected 1 item

test_func.py Test start.

SETUP    F answer
test_func.py::test_answer (fixtures used: answer).Test end.
```

```
TEARDOWN F answer

==================================== 1 passed in 0.02s
   ====================================================
```

fixture 函数中，有一个默认的参数 scope，译为作用范围，表示该 fixture 在某个范围中只运行一次。scope 的默认值为 function，表示该调用 fixture 的测试用例，在测试之前都要调用一次 fixture。该参数有几个可选值：function、class、module、session。

15.2.2.1 scope='function'

```python
# conftest.py
import pytest


@pytest.fixture(scope='function')
def answer():
    print('Test start.')
    #some operation
    yield 100
    print('Test end.')

#test_func.py
def test_func_one(answer):
    print('test_func_one')


def test_func_two(answer):
    print('test_func_two')
```

```
==================================== test session starts
   ====================================================
platform win32 -- Python 3.7.6, pytest-5.3.4, py-1.8.1, pluggy-0.13.1
rootdir: F:\test
collected 2 items
test_func.py Test start.


SETUP    F answer
test_func.py::test_func_one (fixtures used: answer)test_func_one

.Test end.
```

```
TEARDOWN F answerTest start.

SETUP    F answer
test_func.py::test_func_two (fixtures used: answer)test_func_two
.Test end.


TEARDOWN F answer
=========================================================== 2 passed in 0.05s
        ========================================================
```

从测试用例的输出来看,在每个函数运行之前,answer 都被执行了,这就是 scope='function' 的作用。

15.2.2.2 scope='class'

```
#conftest.py
import pytest


@pytest.fixture(scope='class')
def answer():
    print('Test start.')
    #some operation
    yield 100
    print('Test end.')

#test_func.py
class TestFuncOne:
    def test_func_one_1(self, answer):
        print('test_func_one_1')

    def test_func_one_2(self, answer):
        print('test_func_one_2')


class TestFuncTwo:
    def test_func_two_1(self, answer):
        print('test_func_two_1')

    def test_func_two_2(self, answer):
        print('test_func_two_2')
```

```
===================================================== test session starts =====================================================
platform win32 -- Python 3.7.6, pytest-5.3.4, py-1.8.1, pluggy-0.13.1
rootdir: F:\Python\untitled\src\test
collected 4 items
test_func.py Test start.


SETUP    C answer
test_func.py::TestFuncOne::test_func_one_1 (fixtures used: answer)
    test_func_one_1

.

test_func.py::TestFuncOne::test_func_one_2 (fixtures used: answer)
    test_func_one_2

.Test end.


TEARDOWN C answerTest start.

SETUP    C answer
test_func.py::TestFuncTwo::test_func_two_1 (fixtures used: answer)
    test_func_two_1

.

test_func.py::TestFuncTwo::test_func_two_2 (fixtures used: answer)
    test_func_two_2

.Test end.


TEARDOWN C answer

===================================================== 4 passed in 0.05s =====================================================
```

由上述结果可以看出，当 scope='class' 时，每个类才会运行一次 fixture，而不是每个方法都将会运行。

15.3 小　　结

　　阅读完本章后，读者应该了解了在程序中做测试的意义以及在程序中做单元测试的必要性。同时，读者应该习惯于在编程过程中一边编写开发代码一边进行单元测试，以保证足够高的代码质量，以及尽量少的 BUG 出现。

　　单元测试的编写以及习惯是需要在不断地编写代码过程中养成的，因此读者阅读完本章后，至少需要有编写单元测试的想法，并且在接下来的编程实践中将所学的单元测试的思路进行实践，以期开发出更好、更完善的项目。

习　　题

　　1. 自行建立一个项目文件夹，随意编写一些代码，要求使用到 def 与 class 关键字，并且在 test 文件夹当中对所用函数以及类进行测试，测试要求包含正常值、异常值以及临界值。

　　2. 首先编写一个函数或者类，用以判断给定输入的分钟数是当年的第几分钟，并且对该函数或者类进行粒度足够小的测试。